Die lebenden Schnecken und Muscheln der Umgegend Berlins

beschrieben

von

J. P. E. Friedrich Stein.

Mit 3 Kupfertafeln,
Abbildungen von 73 Arten enthaltend.

Berlin,
Druck und Verlag von G. Reimer.
1850.

Vorwort.

Die Bearbeitung dieses Werkchens unternahm ich hauptsächlich in der Absicht, unsern hiesigen, durch Farbe nicht ausgezeichneten Conchylien, welche bisher nur spärliche Beachtung fanden, mehr Freünde zuzuwenden, oder besser: ihnen dieselben leichter bestimmbar zu machen. Die Kupferwerke von C. Pfeiffer und Rossmässler, auf die nicht genug verwiesen werden kann, sind Vielen, ihrer Kostspieligkeit wegen, unzugänglich; ersteres aufserdem schon etwas veraltet, letzteres nicht vollendet. Das Handbuch der Zoologie von Ruthe und Troschel, im Allgemeinen so sehr empfehlenswerth, enthält zwar auch kurze Beschreibungen hiesiger Mollusken, allein meistens nur die hervorragendsten Arten und Gattungen, und in der Regel nicht mit bestimmter Rücksicht auf unsere Gegend.

Eine blofse Aufzählung der Arten nebst Angabe des Fundorts würde ein, wie ich glaube, Wenigen angenehmes Verzeichnifs geliefert, und dabei dem Anfänger keinen Nutzen gewährt haben. Mein Bestreben war daher, diesem Buche die Eigenschaften zu verleihen, welche man gewohnt ist, in botanischer Hinsicht bei Lokal-Floren zu beanspruchen.

Mehrjährige Durchforschung eines etwa viermeiligen Umkreises Berlins, hat mich, wie ich hoffe, so ziemlich alle hier vorhandenen Mollusken finden lassen. Neue Arten zu entdecken, gelang mir nicht, und möchte überhaupt wohl in hiesiger Gegend zu den Unwahrscheinlichkeiten zu rechnen sein.

Die sehr reichhaltige und wohlgeordnete Sammlung von Land- und Süfswasser-Mollusken aller Länder, des Herrn Geheimraths Albers hierselbst, und die mit Sauberkeit zusammengestellten, in Berlins Umgebung selbst gesammelten Schnecken und Muscheln der Herren Gebrüder Bichlié, haben mir wesentliche Dienste geleistet. Wenn ich daher den Besitzern jener Sammlungen für die so anerkennenswerthe Uneigennützigkeit, mit der mir die genaue Ansicht ihrer Schätze gestattet wurde, hiermit meinen aufrichtigsten Dank ausspreche, erfülle ich dadurch eine mir mehr als angenehme Pflicht. Aufserdem habe ich auch der Güte des Herrn Dr. Stein, Custoden des hiesigen zoologischen Museum's, die unbeschränkte Erlaubnifs zur Vergleichung deütscher Conchylien, soweit mir dieselbe wünschenswerth schien, zu verdanken.

Die Diagnosen von Rossmässler, und noch in höherem Grade, wie mir Viele beipflichten werden, die von Ludw. Pfeiffer in seiner Monographie lebender Heliceen, lassen nichts zu wünschen übrig; ich habe mich daher derselben, mit wenigen Ausnahmen, überall bedient, es aber auch stets durch „ " gewissenhaft angedeütet.

Hinsichtlich der Synonymie und Namengebung bin ich, eben wie es Ludw. Pfeiffer in seinem neüsten Werke gethan, dem Grundsatze der Priorität unwandelbar gefolgt; wenn gleich dadurch manche, nach und nach zur Gewohnheit gewordenen Namen beseitigt, andere dagegen (bisweilen freilich nicht so bezeichnende) von Neüem ans Licht gezogen werden. Dieses Bestreben, dem, einer Art zuerst ertheilten Namen, seine Geltung zu erhalten, respect. wieder zu verschaffen, wird leider noch nicht auf allen Gebieten der Naturwissenschaften mit gleicher Folgerichtigkeit durchgeführt, und scheint mir doch in dem Wirrsal so zahlloser Benennungen, die allein richtige Leitschnur abzugeben. Es ist aufserdem gewissermafsen eine geschichtliche Sühne für die Mifsachtung, welche später lebende Naturforscher ihren Vorgängern bewiesen, und dieserhalb meines Erachtens unpartheiische Rücksichtslosigkeit nach beiden Seiten hin vollkommen gerechtfertigt.

Die dem Werkchen auf drei Tafeln beigefügten Abbildungen von 73 Arten werden, wie ich hoffe, das Bestimmen den Anfängern wesentlich erleichtern; sie geben in Umrissen die Formen mit möglichster Naturtreüe, und sind mit Ausnahme von zweien nach Stücken meiner Sammlung gezeichnet, demnach aber von dem in entomologischer Beziehung bekannteren Herrn Wagenschieber in Kupfer gestochen.

Wenn solcher Weise mein Zweck: den Kennern ein Verzeichnifs hiesiger Mollusken, den Anfängern einen Leitfaden zum Bestimmen zu liefern, somit erreicht sein sollte, halte ich mich vollkommen befriedigt. Dafs hier und da kleine Fehler und Irrthümer miteingeflossen, war nicht völlig zu vermeiden, und wird von Kundigen zweifelsohne mit derjenigen Nachsicht aufgenommen werden, welche Erstlings-Arbeiten fast immer zu Theil zu werden pflegt.

Berlin im Juni 1850,

J. P. E. Friedrich Stein.

Einleitung.

A. Verbreitung und Vorkommen.

Obgleich die Mark viel Sandflächen enthält, die sich für die Lebensweise der Schnecken nicht eignen, sind doch die niedrigen Umgebungen von Seen, Flüssen und Gräben eben nicht allzu arm daran. Die Zahl grofser Laubwaldungen ist gleichfalls gemessen, und daher von Artenreichthum solcher Gattungen, die jene lieben, wie Clausilien etc., nicht zu reden. Dennoch wird sich, wie ich glaube, mancher Conchylien-Kenner wundern, wenn er hört, dafs wir hier *Helix aculeata*, *crystallina*, *Acicula fusca* und einige andere seltene besitzen.

Der vorzüglichste Ort zum Sammeln, welcher bei Botanikern und Entomologen ebenfalls in hohem Ansehen steht, ist der sogenannte Brieselang; ein von grofsen Wiesen begränzter, zwischen Nauen und Spandow liegender Laubwald, von etwa 1 □Meile Flächeninhalt, der an einer Stelle von der Hamburger Eisenbahn durchschnitten wird. Er enthält nur wenige seichte Gräben, die im Sommer gröfsten Theils austrocknen, und dann einen Hauptaufenthalt guter Arten abgeben. Die nennenswerthesten, von mir und Anderen dort gefundenen sind etwa folgende: *Helix fruticum*, *H. incarnata*, *H. bidens*, *H. aculeata*, *H. crystallina*, *H. pygmaea*; *Bulimus obscurus*; *Clausilia laminata* und *nigricans*; *Valvata depressa*. Dafs daselbst auch *Acicula fusca* noch entdeckt werden wird, ist ziemlich wahrscheinlich.

Die Umgegend von Bukow, die sogenannte märkische Schweiz, enthält einige Arten in noch gröfserer Anzahl, als der Brieselang, z. B. *Clausilia laminata* und *Bulimus obscurus*. Dieses Gebiet, welches für Mollusken fast noch günstiger gestaltet ist, als jener, dürfte bei genauerer Durchforschung, als mir möglich war, noch manche unerwartete Art liefern.

Die Rüdersdorfer Kalkberge, im Osten 4 Meilen von Berlin gelegen, sind der Fundort für *Helix strigella;* in den dortigen Gewässern lebt auch sehr haüfig *Neritina fluviatilis* und *Ancylus lacustris. Helix umbilicata (rupestris autor.)* und *lapicida*, die man daselbst wohl vermuthen möchte, habe ich bisher noch nicht aufgefunden.

Der Templower-Berg bei Berlin und der Brauhaus-Berg bei Potsdam beherbergen *Helix ericetorum* in zahlreichen Stücken.

Nordwestlich, zwei Meilen von Berlin, liegt der Tegler-See, durch den an einer Stelle die Havel strömt. Dieser ist reich an Wasserschnecken, welche in schönen Stücken darin gesammelt werden können; z. B. *Amphipeplea glutinosa; Limnaeus auricularius; Neritina fluviatilis; Valvata contorta* und viele gewöhnlichere. Sehr haüfig sind darin ferner grofse, durch ihren Byssus zusammengehäkelte Klumpen der *Tichogonia Chemnitzii*, deren Kern in der Regel ein *Unio* oder eine *Anodonta* bildet.

Nördlich von Berlin fliefst ein seichter Bach, die Panke, daher, welcher mit einem Gebirgswasser einige Aehnlichkeit hat. Im Sommer nur dürftig mit Wasser versehen, hat er doch zuweilen im Frühjahr, nach dem Schmelzen des Schnees und durch Aufnahme der Zuströmungen vieler kleiner Gräben, bemerkenswerthe Zerstörungen und Veränderungen seines Bettes angerichtet; er ergiefst sich bekanntlich innerhalb der Mauern Berlins in die Spree. Seine Ufer bieten an einigen Stellen in geognostischer Beziehung interessante Ausbeute, und es gelang mir, auf dem linken Ufer, zwischen dem Gesundbrunnen und der Papiermühle, ein Lager von Landschnecken, etwa anderthalb Fufs unter der Bodenfläche, aufzufinden; unter denselben waren auch *Helix bidens*, *H. cellaria* und *Clausilia laminata*, die ich in solcher Nähe ($^1/_2$ Meile) von Berlin lebend noch nicht wahrnahm. Diese Gehaüse sind meist in einem sehr zerbrechlichen Zustande, und liegen in einer mergelartigen, von Sumpfeisen durchsetzten Erdschicht; wie denn auch manche mit Eisenoxyd stark bedeckt und theilweis ausgefüllt erscheinen. — An Steinen in der Panke findet man *Ancylus fluviatilis;* ferner kommen darin schön gefärbte Stücke von *Unio tumidus*, und endlich in zahlreichen Exemplaren *Pisidium fontinale*, hier und da untermischt mit *Pisidium amnicum*, vor.

Cyclas Rivicola zeigt sich zuerst zwei Meilen westlich von Berlin, an den Ufern der Havelseen, auf der Seite der Pichelsberge. Ebendaselbst findet man auch die Gattungen *Paludina*, *Valvata*, *Unio*, *Anodonta*, ihren Arten nach, in schönen Stücken, und namentlich sehr grofse von *Cyclas cornea.*

Die Spree enthält aufser den gewöhnlichen, nicht grade bemerkenswerthe Arten; *Tichogonia Chemnitzii* verbreitet sich darin immer mehr; in ihren Anspühlungen sind einige Arten der Gattung *Valvata* sehr häufig.

Innerhalb der Stadtmauer Berlins, besonders zwischen dem Cotbusser- und Schlesischen-Thore, unmittelbar an ihrem Fufse, sieht man ein Lager von Gehaüsen kleiner Landschnekken, unter denen vorzüglich die *Pupa minutissima* erwähnenswerth ist, welche daselbst, wie ich vermuthe, mein Freund, der Mechanikus Herr Schacko zuerst entdeckte. Ferner liegen zahlreich herum die Arten: *Vitrina pellucida*, *Helix costata*. *Achatina lubrica*, *Pupa muscorum* und *pygmaea;* nicht häufig findet man Gehaüse mit lebenden Thieren.

B. Bau des Gehaüses.

Die Mehrzahl der Schnecken legt Eier, entweder einzeln oder in laichartigen Haufen; einige gebären lebendige Junge, die sie eine Zeit lang mit sich im Gehaüse, oder, wie bei den Cyclas-Arten, innerhalb der Schale herumtragen. Die Eier der Landschnecken werden an feüchte Orte, unter Moos oder Laub;

die der Wasserschnecken, welche sich meist in einer Laich-Umhüllung befinden, an Wasserpflanzen gelegt; doch soll *Ancylus* dieselben auf die Oberfläche seines Gehäuses bringen. Die aüssere Schale dieser Eier ist gewöhnlich dünn und durchsichtig, bisweilen jedoch, wie bei *Helix pomatia*, ziemlich fest, kalkig und etwas uneben. Wenn die Eierschale gesprengt ist, tritt die junge, mit sehr dünnem, in der Regel durchsichtigem Gehaüse versehene Schnecke hervor. Dieses Gehäus ist oben, an seiner Spitze, mit der Schnecke innig verbunden, und wächst ohne ihr Zuthun gleichmäfsig mit derselben bis zur Vollendung fort, wozu ein Zeitraum von einigen Jahren (Sommern!) erforderlich ist. Wenn man daher der Schnecke eine besondere, auf den Bau des Gehaüses gerichtete Thätigkeit zuschreibt, so ist dies im Allgemeinen unrichtig, und nur in Bezug auf Herstellung aüfserlich erfolgter Verletzungen anwendbar. Der frisch gewachsene Jahresring ist anfänglich, wie man dies leicht und schön bei *H. arbustorum* beobachten kann, dünn, empfindlich und elastisch, und erlangt erst spät die eigenthümliche Färbung und Härte des übrigen Gehäuses. Die Vollendung, d. h. das Aufhören seines Wachsthums, ist bei vielen Schnecken-Arten leicht wahrnehmbar; bei anderen wieder wird es durch kein aüfserliches Zeichen angedeütet, und beruht dann nur auf der Erfahrung, dafs man noch keine gröfsern Stücke fand. Die Mehrzahl der Arten aus der Gattung *Helix* beschliefsen die Ausbildung ihres Gehaüses durch einen mehr oder weniger schwieligen, umgebogenen oder graden Mundsaum, der theils einfach, theils mit Zähnchen oder Falten, mannigfaltigen Abänderungen bei den verschiedenen Species unterliegt. Nur in seltenen Fällen entwickelt sich nach Hervorbringung der Mündungs-Schwiele noch ein neuer Wuchsring, der dann den ersten überholt und sich ebenfalls zuletzt damit abschliefst; wir gewahren dies zuweilen bei *H. arbutorum*.

Von aufsen entstandene nicht allzu bedeütende Verletzungen des Gehaüses, vermag das Thier, wie schon erwähnt, wieder zu ergänzen. Dies beobachten wir am haüfigsten an Wasser-Mollusken, namentlih an Unionen und Anodonten, welche auf der Innenseite ihrer Schalen nicht selten kleine, mit Perlmutter bedeckte Erhöhungen zeigen.

Wie bei grünblättrigen Pflanzen bisweilen im Uebrigen gesunde Exemplare mit weissen Blättern, und bei dunkelhaarigen Thierarten einzelne Individuen weifshaarig ausfallen (— dies auch dauernd fortwährt, wie z. B. bei den weifsen Kaninchen und Mäusen —), so finden sich analoge Beispiele unter den Schnecken, und solche Stücke nennt man Blendlinge, *Albinae (Albinos)*. Dergleichen sieht man hier und da von *Helix lapicida*, *H. ruderata* und einigen anderen Arten. Vielleicht gehört hierher auch die weifshaüsige Form von *Helix fruticum* und *Bythinia tentaculata*.

Eine andere, meist sehr selten vorkommende Abweichung der gewöhnlich aufeinanderliegend - spiralförmig gewundenen Gehaüse ist die Skalaride, wo nämlich die Innenseite der Umgänge nicht von dem darunter liegenden geschlossen, sondern selbstständig, stielrund über einander lagern; oder in Wendeltreppenform, getrennt von einander, sich erheben oder ablösen. Solche Missbildungen fand man von *Helix pomatia*, *H. arbustorum*, *H. hortensis*, *Planorbis nautileus* und einigen anderen.

Zur Ausnahme gehört ferner, wenn gemeiniglich rechts gewundene Gehaüse links gewunden auftreten. Diese Abweichungen von der Regel sind gleichfalls selten, und werden fast nur bei den Arten beobachtet, die hier und da in sehr zahlreichen Individuen vorkommen; z. B. bei *Helix pomatia*, *H. arbustorum*, *H. nemoralis*, *H. austriaca*. — Dafs aber von gewöhnlich links gewundenen Schneckenarten, z. B. der Gattung *Clausilia*, auch rechts gewundene aufgefunden wären, ist mir nicht bekannt, aber gleichwohl nicht grade undenkbar.

Die aüfsere Oberfläche der Gehaüse ist sehr mannigfaltig; in den wenigsten Fällen findet man dieselbe vollkommen glatt; am häufigsten mehr oder weniger regelmäfsig, fein querstreifig. Bei den gröfseren Muschelarten ist sie fast immer runzlig, mit tiefen Furchen versehen, und ihre Wirbel sind aufserdem oft noch, stärker oder schwächer, abgeschülfert. Bei *Pisidium amnicum*, *Helix costata* und einigen anderen erscheint sie regelmäſsig feingerippt, während bei ***Helix aculeata*** und ***Planorbis nautileus*** diese Rippen sich in stachelartige Fortsätze verlängern. Mehrere Schnecken haben behaarte Gehaüse, wie ***Helix villosa***, ***H. sericea***, ***H. ciliata***, ***H. hispida;*** diese Haare gehen leicht verloren, und man sieht öfters Stücke der genannten Arten, woran keine Spur von denselben wahrnehmbar ist; wie denn auch ***Helix strigella***, ***Planorbis corneus*** und ***Paludina vivipara*** nur im jüngeren Alter behaart gefunden werden.

Nicht unerwähnt darf hier der, einigen Schnecken-Gattungen eigenthümliche Deckel bleiben. Unter den Landschnecken haben ihn die Gattungen ***Acicula*** und ***Cyclostoma;*** unter den Wasserschnecken die Gattungen ***Valvata***, ***Paludina***, ***Bythinia*** und ***Neritina***. Schon die jüngsten Individuen von Arten genannter Gattungen besitzen denselben; er ist anfänglich glasartig und dünn, später mehr undurchsichtiger und dicker; die Thiere können mittelst desselben ihr Gehaüs vollständig abschlieſsen. Er ist bei unseren hiesigen Arten gewöhnlich eine länglichrunde hornige oder schalenartige Scheibe, die nur bei ***Neritina fluviatilis*** einen nagelartigen Fortsatz hat. In dem Maſse, wie das Gehaüs sich vergröſsert, wächst auch der Deckel, theils durch Kreis- (— wie bei ***Bythinia***, ***Paludina*** —) theils durch Spiral-Ansätze (— wie bei ***Cyclostoma***, ***Valvata***, ***Neritina*** —).

C. Nahrung und Lebensweise.

Ein Hauptbedürfniss der Schnecken ist Schatten und Feüchtigkeit; daher sieht man sie bei einem Mangel beider und namentlich bei trockner Witterung unter Blättern und Steinen, in Mauer- und Baum-Spalten versteckt, gleichsam im Zustande des Schlafes, ruhen. Die Wasserschnecken können, mit geringen Ausnahmen, eine Entfernung aus ihrem Elemente nur kurze Zeit ertragen. Am belebendsten jedoch wirkt auf alle ein warmer Sommerregen. Bei anhaltend warmen, regenlosem Wetter scheint die Mehrzahl nur des Nachts ihrer Nahrung nachzugehen.

Die meisten Arten leben von Vegetabilien, und lieben vorzugsweis solche Gewächse, die auch Menschen und höheren Thieren zum Theil zur Ernährung dienen, z. B. sämmtliche Kohlarten. Nicht selten sieht man Gartenschnecken mit Begierde an abgefallenem Obste nagen. Die Nacktschnecken fand ich zuweilen auch unter todten Cadavern; will es aber dahingestellt sein lassen, ob sie von diesen oder nur von der darunter befindlichen humosen Erde sich nährten; ich sah wenigstens einen *Limax agrestis*, der von Moder, den er verschlungen, förmlich aufgeschwollen war.

Der gröfsere Theil der Wasserschnecken wählt zarte und weiche Blätter von Wasserpflanzen zur Speise; doch fehlt von vielen Arten noch directe Beobachtung dieser Thatsache. Die Muscheln scheinen eine Art Niederschlag (Sediment), welcher auf dem Grunde der Gewässer hin- und herschwankt und ihnen gleichsam von selbst zugeführt wird, zu verzehren; obwohl sie auch feine Wassergewächse gelegentlich nicht verschmähen mögen. So sah ich den Magen-Inhalt einer Anzahl Anodonten aus dem Schlachtensee im Grünwald, mit unkenntlichen, halbverdauten Blättern untermischt.

D. Schmarotzer und Ungeziefer.

Férussac erwähnt in seinem grofsen Conchylienwerke bei Beschreibung der Nacktschnecken, dafs auf einer Anzahl von *Limax variegatus* Milben (*Acarus*) hin und herliefen. Auch C. Pfeiffer beobachtete auf den Mantelhaüten einer *Anodonta* eine Milbe von ziemlicher Gröfse, und liefs dieselbe abbilden.

In der Gehaüs-Naht von *Paludina vivipara* und *Neritina fluviatilis* findet sich nicht selten ein kleines zweischaliges Crustenthier, vermuthlich eine *Cypris*, welches die eine Schale an das Schneckenhaus klebt, die andere aber zum Auf- und Zuschliefsen frei behält. Besonders haüfig auf Stücken genannter Arten aus dem Tegler See.

In den Havelseen bei Pichelsberg fand ich ein Exemplar von *Paludina vivipara*, welches mit Ausnahme des Deckels, ganz regelmässig von *Spongilla lacustris Esp.* gleich einer

Pelzumhüllung, bewachsen war, und worin das Thier noch lebte.

Die zweischaligen Flussmuscheln zeigen oft stecknadelgrofse, von aufsen hineingebohrte runde Löcher, die das Muschelthier inwendig wieder verkleidete, und die zuweilen perlähnliche Auswüchse vorstellen. Diese Löcher soll eine Art Fadenwurm (*Gordius?*) verursachen. Aufserdem soll sich, innerhalb der Muscheln, das Röhrenthierchen (*Melicerta*) bisweilen in Menge aufhalten, ebenso zahlreiche Infusorien. Nach Nordmann lebt auf *Tichogonia Chemnitzii* der Polyp *Alcyonella diaphana*; und Blutegeln ähnelnde Thiere: *Clepsine complanata* und *bioculata Sav.* stellen überhaupt den Wasserschnecken nach.

Auf der vertieften Seite der Gehäuse kleiner *Planorbis*-Arten entdeckte Herr Dr. Fr. Stein, Custos des hiesigen zoolog. Museum, einige ihnen eigenthümliche Species der Infusorien-Gruppe: *Rotatoria.*

E. Fang und Zubereitung für die Sammlung.

Soviel als möglich hat man darauf zu achten, nur solche Gehaüse der Sammlung einzuverleiben, worin das Thier beim Finden noch vorhanden war; dasselbe wird, nach Brühung mit kochendem Wasser, vermittelst eines feinen Hakens herausgezogen, das Gehaüs sorgfältig rein gewaschen und demnach getrocknet. Durch öftere Uebung erhält man in diesem Geschäft bald hinreichende und befriedigende Fertigkeit. Diese Methode ist indessen doch nur bei den gröfseren Arten ausführbar; die kleineren werden ebenfalls mit kochendem Wasser gebrüht, und dann an einem luftigen Orte oder bei gelinder Ofenwärme ausgetrocknet; auf dieselbe Weise behandelt man auch die kleinen Deckelschnecken, während bei gröfseren die Thiere herausgenommen und der davon losgetrennte Deckel mittelst aufgelösten arab. Gummis in die Mündung des Gehaüses wieder eingeklebt wird.

Einige Gehaüse mit den Thieren, in mit schwachem Spiritus gefüllten, kleinen Glascylindern jeder Art beigefügt, wäre wohl anzuempfehlen, und mufs ohnehin schon bei den Nacktschnecken in Anwendung kommen.

Die völlig trocknen Gehaüse werden, jede Art für sich, in flache Pappkästen gethan, und mit Etiquetten versehen in Schubkästen systematisch aneinander gereiht. Kleine Gehaüse lassen sich am zweckmäfsigsten in kurzen, mit Kork verschlossenen Glasröhrchen aufheben, die man aufserdem noch in Pappkästchen legt, und so im Stande ist, leicht zerbrechliche Arten, ohne sie anrühren zu müssen, selbst mit der Loupe betrachten zu können.

Dieselbe Art aus verschiedenen Gegenden, selbst die aus verschiedenen Gewässern desselben Gebiets, getrennt aufzuheben, ist sehr löblich und rathsam. Man hat so die beste Gelegenheit, kleine, von örtlichen Umständen herrührende Unterschiede in der Form oder Färbung wahrzunehmen.

Die kleinsten Landschnecken findet man durch sorgfältiges Suchen an ihren Wohnplätzen, indem man sich der Länge nach hinstreckt und Punkt für Punkt in Augenschein nimmt. Man kann auch faulendes Laub, Holz u. s. w. auf ein grobes Sieb bringen, und das Durchgesiebte zu Hause einer genauen Musterung unterwerfen. Bisweilen gelingt es auch, durch Keschern im feüchten Grase seltene Arten zu sammeln. Feüchte Holzstücke und Steine, die lange an dunklen Orten lagen, ferner die Schattenseiten alter Mauern und Gebäude, liefern oft gute Ausbeute.

Die Wasserschnecken fängt man durch Fischen mit engmaschigen Keschern; aufserdem findet man ihre Gehäuse sehr oft in völlig brauchbarem Zustande am Ufer der Gewässer, und auf dem Grunde ausgetrockneter Bäche und Gräben. Einige Arten der Insecten-Gattung *Phryganea* pflegen ihre Larven-Hülsen aufsen, mit kleinen, auf dem Boden der Seen und Flüsse gefundenen Schneckenhaüsern zu bekleiden; sammelt man nun dergleichen Hülsen, die oft zahlreich am Ufer herumliegen, so findet man daran bei aufmerksamer Prüfung zuweilen seltene Arten, die sich bei einiger Vorsicht unverletzt davon ablösen lassen. Schlamm, Borke, Holz und andere angespühlte Gegenstände, mufs man ebenfalls sorgfältig durchstöbern.

Unreinigkeiten, welche sich auf gröfseren Gehäusen und Muscheln abgesetzt haben, entfernt man durch eine scharfe Bürste; oder man legt solche Stücke 24—48 Stunden in eine Chlorkalkmilch (— aus 1 Th. Chlorkalk und eilf Th. Wasser bestehend —) und putzt sie demnach mit einer nassen Bürste. Bisweilen findet man in Tümpeln, Bächen und Anschwemmungen kleine Conchylien, die nach dem Trocknen mit grünem oder braunem Schlamme bedeckt erscheinen; dergleichen kocht man in einer Porcellan-Schale etwa 1 Stunde hindurch, in einer Auflösung von 1 Th. Aetzkali in etwa eilf Th. destillirten Wassers, wäscht sie darauf mit demselben Wasser durch Schütteln in einer verschlossenen Flasche mehrmals aus, und reiht sie, wohlgetrocknet, der Sammlung ein.

Diese angegebenen Reinigungs-Methoden dürfen, wie sich von selbst versteht, bei den Schneckenhäusern, welche aüfserlich mit Haaren, feinen Stacheln oder einer dünnen Oberhaut versehen sind, nicht angewandt werden; vielmehr ist die Zerstörung dieser natürlichen Bekleidungen soviel, als irgend möglich, zu vermeiden.

Gehaüse mit den Thieren und Nacktschnecken, lassen sich in Spiritus von 40 — 50 Grad (Richter's Alkoholometer) dauernd aufbewahren.

F. Kennzeichen, Terminologie.

Lebende Schnecken sieht man auf einer ebenen Fläche sich gewöhnlich so bewegen, dafs sie dabei ihr Gehaüs auf dem Rücken tragen, mithin die Spitze desselben nach oben, die Mündung nach unten gerichtet ist. Die Ausdrücke oben und unten sind demnach sowohl beim Gehaüse, als bei dessen Mündung in diesem Sinne zu nehmen.

Bei der Gattung *Planorbis* ist, wenn man sich hinter dem kriechenden Thiere stehend denkt, die rechte Seite die obere, die linke die untere; und hiernach der rechte und linke Mündungsrand zu betrachten.

Erheben sich bei einem Schneckenhause, dasselbe auf seiner Mündung stehend gedacht, die Umgänge von der rechten nach der linken Seite, wie bei den meisten Arten der Gattung *Helix*, so hat man ein rechtsgewundenes; — und erheben sich dagegen, bei derselben Stellung, die Umgänge von der linken nach der rechten Seite, wie bei dem gröfsten Theile der Gattung *Clausilia*, so hat man ein linksgewundenes vor sich.

In Bezug auf die Muscheln will ich das Hierhergehörige, weil es kaum deütlicher gesagt werden kann, mit C. Pfeiffer's eigenen Worten *) anführen:

„Ich denke mir die Muschel in ihrer natürlichen Lage, so wie sie lebt und sich fortbewegt: den Mund nach vorne, den After nach hinten, den Rücken da, wo das Herz liegt, nach oben; und diesem entgegengesetzt den Bauch nach unten. Demnach ist mir der Rand der Schale, welcher dem Munde am nächsten ist, der Mund- oder Vorderrand; diesem entgegengesetzt der After- oder Hinterrand; da, wo das Herz liegt, der Rücken- oder Oberrand; und endlich diesem entgegengesetzt der Bauch- oder Unterrand. Die Schalenhälfte, welche in dieser Stellung dem Thiere zur Rechten liegt, ist auch mir die rechte Schale, dieser gegenüber, dem Thiere zur Linken, ist auch mir die linke Schale. — Die Entfernung vom Munde bis zum After, oder vom Vorder- bis zum Hinterrande der Schale, bestimmt die Länge, die vom Rücken zum Bauchrande, oder vom Ober- zum Unterrande, die Höhe (Breite) der Muschel. Eine grade Linie von der höchsten Wölbung der einen Schale, bis zur höchsten der anderen, ist der Durchmesser oder die Dicke der Muschel."

An den meisten Schneckengehaüsen unterscheidet man ferner:

1) Die Naht, *sutura;* es ist die von der Spitze bis zur Mündung äufserlich herablaufende, mehr oder weniger vertiefte

*) Siehe C. Pfeiffer, Naturgeschichte deütscher Land- und Süsswasser-Mollusken, 2. Abtheil. S. 28.

Spirallinie, welche durch das Aufeinandersitzen der Umgänge gebildet wird;

2) Das Gewinde, *spira;* so werden die engeren, kleineren, erst entstehenden Umgänge genannt, und zwar namentlich bei solchen Gehaüsen, wo sich der letzte durch Erhebung und Erweiterung vor den vorhergehenden merklich auszeichnet;

3) Den Nabel, *umbilicus;* ist das an der Unterseite vieler Gehaüse befindliche, engere oder weitere, mehr oder weniger tiefe Loch, welches dadurch entsteht, dafs die Umgänge sich nicht vollständig aneinanderschliefsen. Die Wände dieses Loches (— welches gleichsam die Axe vorstellt, um die sich die Windungen des Schneckenhauses aufschichten —) bilden die sogenannte *columella,* Spindelsaüle, die deutlich wahrgenommen wird, wenn man alle Umgänge eines Gehaüses an einer Stelle, in der Richtung von unten nach oben oder umgekehrt, öffnet. Der Nabel ist nun:

a) eng, dann heifst das Gehaüs durchbohrt, *testa perforata;* oder

b) er stellt blofs einen Spalt oder Ritz vor, dann heifst es geritzt, *rimata;*

c) die Nabelöffnung ist durch den umgelegten Spindelsaülenrand verdeckt, dann nennt man das Gehaüs bedeckt genabelt, *obtecte umbilicata*, *obtecte perforata;*

d) der Nabel geht bis zur Gehaüs-Spitze hinauf, so heifst es durchgehend genabelt, *pervio-umbilicata;* z. B. bei *Helix ericetorum;*

e) die Nabelöffnung wird sehr schräg enger, wie z. B. bei *Helix rotundata*, so nennt man das Gehaüs perspectivisch-genabelt, *perspective umbilicata.*

Die farbigen Binden, welche einige Gehaüse tragen, werden Längsbinden genannt, wenn sie mit der Naht-, und Querbinden, wenn sie mit dem Mundrande parallel laufen.

Das Gehaüs der kopflosen Weichthiere nennt man bekanntlich Muschel, *concha;* diese ist:

a) zweiklappig oder zweischalig, *bivalvis*, und

b) diese Schalen sind hinsichtlich ihres Umfanges einander gleich, dann heifst die Muschel gleichschalig, *aequivalvis*, o de

c) wenn beide Schalen von einem durch beide Wirbel gehenden Querschnitt in 2 fast gleiche Hälften getheilt werden können, nennt man die Muschel fast gleichseitig, *subaequilatera*, z. B. *Cyclas Rivicola*; davon das Gegentheil: ungleichseitig *inaequilatera* (*iniquilatera*), z. B. bei *Unio*, *Anodonta*.

Eine ausführlichere Terminologie findet man im ersten Hefte von Rossmässler's Ikonographie u. s. w.

G. Feststellung der Arten; deutsche Namen.

Im Vergleiche mit anderen Thierklassen, z. B. den Insecten, sind bei den Conchylien gute und sichere Kennzeichen zur Abgränzung der Gattungen und Arten, meist nur in kleiner Zahl vorhanden; woher es denn auch kam, dafs namentlich ältere Schriftsteller jetzt so weit getrennte Gattungen zusammen warfen. Erst der neüeren Zeit war es vorbehalten, in dies Chaos Licht zu bringen, wenngleich noch immer manche Abtheilungen einer kritischen Sichtung bedürfen. Nicht wenig erschwert wird dies Geschäft durch den Einflufs, welchen örtliche Umstände auf den Bau der Gehaüse aüfsern. Denn oft ist z. B. eine Wasserschnecke aus mehreren Gewässern eines kleineren Gebietes schon mancherlei Formänderungen unterworfen, die sich verdoppeln, wenn man dieselbe Art aus entfernten Provinzen oder Ländern herbeischafft. Gebirgsformen sind ebenfalls von denen der Ebene fast immer abweichend.

In Bezug hierauf findet man in einem erst kürzlich erschienenen Werke von A. Mousson *) wohl zu beherzigende Ansichten, deren wesentlichster Inhalt etwa in folgenden 4 Gesetzen ausgedrückt ist:

*) A. Mousson, die Land- und Süsswasser-Mollusken von Java Zürich 1849.

1) ***Species*** (Art) ist die Gesammtheit der durch Abstammung und Begattung verbundenen Individuen, unter Erhaltung vollkommener Fortpflanzungsfähigkeit.

2) ***Varietas*** (Abart) ist eine durch äufsere oder innere dauernde Einflüsse hervorgerufene, erblich gewordene Gesammtabweichung; z. B. die gröfsere Form der ***Helix bidens.***

3) ***Mutatio*** (Spielart) ist eine unbedeutende, nur schwach sich erhaltende Veränderung einzelner Merkmale; z. B. rothgefärbte Stücke von ***Planorbis nitidus;*** rothgeränderte von ***Pisidium amnicum.***

4) ***Deviatio*** (individuelle Abweichung) ist die am Orte sich entwickelnde, durchaus bewegliche Eigenthümlichkeit des einzelnen Individuums.

Zur Feststellung der Art würde demnach eine öfters beobachtete, fruchtbare Junge hervorbringende Begattung von mehr oder weniger ähnlichen Individuen, immer das zuverlässigste, wenngleich nicht haüfig das am leichtesten zu erforschende Kennzeichen sein. Diesem im Range nachstehend bleiben dann die aüfserlichen, morphologischen Verschiedenheiten, die zwei Formen nur in dem Falle als bestimmt verschiedene gelten lassen, wenn einmal die Abweichung nicht blofs in Gröfse und Färbung beruht, und zweitens zwischen beiden keine vermittelnden Uebergänge Statt finden.

Für die lateinischen, öfters allgemein bekannten Namen, passende deütsche zu finden, ist sehr schwer; in vielen Fällen ist nur eine, oft nicht einmal genau bezeichnende, Uebersetzung möglich; da eine Menge Natur-Gegenstände von dem gröfseren Haufen nie eines Blickes gewürdigt wurden. Gleichwohl giebt es hier und da Liebhaber, die kein Latein verstehen, denen erst durch die deütsche Uebersetzung der Begriff von dem lateinischen Namen klar wird, — und endlich werden in manchen Schulen Naturwissenschaften rein deütsch gelehrt, so dafs eben aus diesen Gründen deütsche Namen nicht ganz zu verwerfen sind. Ich habe daher mit Heranziehung schon vorhandener guter Bezeichnungen, überall, den Sinn und Begriff der lateinischen Namen möglichst treü gebende, deütsche beigefügt.

Die Gröfsen-Angaben, auf die im Allgemeinen nur ein bedingter Werth zu legen ist, da selten zwei Individuen derselben Art von ganz gleichen Umrissen sind, habe ich möglichst genau in pariser Linien, 10 auf einen par. Zoll, ausgedrückt, und zur Messung fast immer die gröfsten Stücke meiner Sammlung genommen.

H. Systematische Eintheilung.

Die älteren Systeme der Conchyliologie, beruhten auf äufserlichen, leicht wahrnehmbaren Unterschieden. So hat z. B. O. F. Müller nur drei gröfsere Gruppen, nämlich Ohnschalige = Nacktschnecken, einklappige Gehaüsschnecken und zweiklappige = Muscheln; die Unterabtheilungen wurden nach der Form und Zahl der Fühler, nach dem Sitz der Augen, und bei den Muscheln nach der Gestalt oder dem Mangel der Mantelröhren gebildet.

Die neueren Systeme sind mehr physiologisch-anatomischer Natur und berücksichtigen den Bau des Thieres stärker als den des Gehaüses. Gleichwohl darf man behaupten, dafs das Gehaüs bei den Schnecken gleichsam ihr äufserlich liegendes Knochengerüst vorstellt; und wie dieses bei den höheren Thieren so wichtige Anhaltspunkte liefert, ist auch jenes in der Conchyliologie keineswegs, wie Viele meinen, von untergeordnetem Werthe. Die Grundlage des hier angenommenen bildet das von Cuvier aufgestellte; die Abtheilungen und Familien sind die von neueren Schriftstellern empfohlenen, wobei ich nur die Namen ersterer etymologisch etwas veränderte, um die der letzten Abtheilungen aus der Gasteropoden-Gruppe mit denen der beiden ersten in Uebereinstimmung zu bringen.

Zu weit würde es führen, wollte ich hier selbst nur eine kurze Geschichte der Conchyliologie beifügen, oder ihre wichtigsten Schriftsteller nebst deren Werken besprechen. Dem Aufmerksamen wird das haüfige Wiederkehren desselben Autors hinter den Gattungs- und Artnamen schon genügen, um daraus den Schlufs zu ziehen, dafs derselbe sich um diese Wissenschaft verdient machte. Aufserdem sind in dem Verzeichnisse der citirten Schriftsteller die Namen der angesehnsten durch Sperrschrift ausgezeichnet.

Ich lasse das gewählte System nunmehr schematisch dargestellt hier folgen:

Animalia mollusca.	*M. Gasteropoda* Cuv.	*M. Pulmonata inoperculata* Fér.	*Limacea*	*Arion* Fér.
				Limax List.
			Helicea	*Vitrina* Drap.
				Succinea Drap.
				Helix Linn.
				Bulimus Scop.
				Achatina Lam.
				Pupa Drap.
				Clausilia Drap.
			Auriculacea . . .	*Auricula* Drap.
			Limnaeacea	*Physa* Drap.
				Amphipeplea Nilss.
				Limnaeus Drap.
				Planorbis Müll.
		M. Pulmonata operculata Fér. .	*Cyclostomea* . . .	*Acicula* Hartm.
		M. Ctenobranchiata	*Paludinea*	*Valvata* Müll.
				Paludina Lam.
				Bythinia Gray.
		M. Rhipidoglossata	*Neritacea*	*Neritina* Lam.
		M. Monopleurobranchiata	*Ancylea*	*Ancylus* Geoffr.
	M. Acephala Cuv. . .	*M. Dimya (Conchifera)*	*Naiadea*	*Anodonta* Lam.
				Unio Retz.
			Mytilacea	*Tichogonia* Rossm.
			Cardiacea	*Cyclas* Brug.
				Pisidium C. Pf.

I. Verzeichniss der meisten in diesem Buche citirten Schriftsteller und ihrer wichtigsten Werke.

Alder, J., catal. etc. in Transact. Nat. Hist. of Northumberl. 1830.
— -, in Mag. of Zool. and Botany etc. 1837.
Alten, J. W. v., system. Abhandlung über die Erd- und Fluss-Conchylien um Augsburg. 1812.
Beck, H., index mollusc. praesentis aevi Musei princ. Christian. Friederic. 1837.
Benson, in Ann. and mag. of nat. hist. 1842.
Blainville, Ducrotay de, Manuel de Malacologie et de Conchyliogie, 1825.
Brard, C. P., hist. des coq. terr. et fluviat. aux environs de Paris; 1815.
Brown, Th., in Mem. of the Wernerian Society. 1818.
Bruguière, in Encyclopédie methodique; Vers. Tom. I. 1789—92.
Cantraine, in Bull. de l'Académ. de Bruxelle, 1836 u. 1840.
Chemnitz, in Martini und Chemnitz system. Conchylien-Cabinet, 1786—95.
Costa, E. M. da, hist. natur. testaceor. Britanniae, 1778.
Deshayes, G. P., nouvelle édition de Lamarck, 1836—38.
Desmoulins, Ch., in Actes de la Soc. Linn. de Bordeaux, 1835.
Donovan, E., natural history of British Shells, 1779—1802.
Draparnaud, J. P. F., histoire naturelle des mollusques terrestres et fluviatiles de la France; 1805.
Férussac, d'Audebard de, hist. natur. générale et particulière des Mollusques terrestres et fluviatiles, 1819—21.
Fitzinger, systemat. Verz. der im Erzherzogth. Oesterreich vorkomm. Weichthiere. 1837.
Fleming, history of british animals; Edinb. 1828.
Gärtner, G., Versuch einer systemat. Beschrb. der in der Wetterau entd. Conchylien. 1813.
Geoffroy, traité sommaire des coquilles tant fluviat. que terrestres, qui se trouvent aux environs de Paris, 1767.
Gmelin, Caroli a Linné systema naturae, Lipsiae 1788.
Gray, J. E., in Annals of Philosophy. New series IX. 1825.
— - -, spicilegia zoologica, 1830. etc.
Hartmann v. Hartmannsruthi, J. D. W., Erd- und Süſswasser-Gasteropoden, beschrieben und abgebildet, 1840—44.
Held, in der Isis von Oken herausg. Jahrg. 1 36 und 37.
Jan e de Christoferi, catal. rer. natur. in Museo extant. Parma, 1833.

Jeffreys, in Linnean transactions, XIII, 1820.
Klein. tentamen methodi ostraceologici etc. Lgd. Batav. 1753.
Krynicki, in Bull. de la Soc. Imp. des Naturalistes des Moscou, 1833—37.
Lamarck, histoire des anim. sans vertèbres. 1819.
Leach, W. E., synopsis of british mollusca, London, 1820.
Lightfoot, in Philosophical transactions, LXXVI, 1786.
Linné, fauna Suecica, 1746, Lugd. Batav.
— —, systema naturae per regna tria etc., Holmiae, 1768.
Lister, historia sive synopsis conchyliorum, Lond. 1685—93.
Menke, C. Th., synopsis methodica molluscorum, 1828—30.
— — - - und Ludw. Pfeiffer, Zeitschrift für Malakozoologie 1846 bis jetzt.
Mermet, histoire des mollusques, vivants dans les Pyrénées, 1843.
Michaud complément à Draparnaud, 1831.
Miller, in Annales of Philosophy, 1822.
Montfort, D. de, Conchyliologie systematique, 1810.
Montagu, G., testacea britannica, 1803. Suppl. 1808.
Mühlfeldt, Megerle von, in Mag. der Gesellsch. naturf. Freunde zu Berlin, 1818.
Müller, O. F., historia vermium, p. II, 1774.
Nilsson, S., historia molluscorum Sueciae, 1822.
Nyst, H., in Bull. de l'Académ. Liège, 1843 u. de Bruxelle, XII, 1844.
Oken, Lehrbuch der Zoologie, 1816, u. in der Isis, Jahrg. 1826, Heft 5.
Paasch, A., in Wiegmann-Erichson Archiv etc. Jahrg. 1842, 1843 u. 1845.
Pallas, P. S., Miscellanea zoologica, 1767 und Spicileg. zoologic. Berol. 1780.
Parreys, Naturalien - Händler.
Pennant, Th., british Zoology, 4 edit. 1776—77.
Pfeiffer, Carl, Naturgeschichte deutscher Land- und Süfswasser-Mollusken, 1821—28.
Pfeiffer, Ludw., die Schnirkelschnecken in Abbild. nach der Natur mit Beschreibungen, 1846.
— — - , Monographia Heliceor. vivent. etc. 1—2 Bd. 1848.
Poiret, J. L. M., coquilles fluv. et terr. du depart. de l'Aisne et aux environs de Paris. 1801.
Pulteney, R., catal. of the birds, shells etc. of Dorsetshire, 1799.
Retzius, nova testaceorum genera, dissertat. inaug. Lund. 1788.
Risso, A., hist. natur. etc. des environs de Nice et des Alpes maritimes, 1826.

Rossmässler, E. A., Iconographie der Land- und Süfswasser-Mollusken, 1835—44.

Say, Th., descript. of some new terrestrial and fluviatile shells of North-America, 1829—31.

Schmidt, F. J., system. Verz. d. Land- uud Süfswasser-Mollusken Krain's, 1847.

Schröter, Geschichte der Fluss-Conchylien etc. Halle, 1779.

— — system. Abhandl. über die Erd-Conchylien um Thangelstädt, Berlin, 1771.

Sowerby, G. B., the malacological and conchological magazine, 1838.

— — - -, conchological Manual, 1842.

Stentz, Naturalien-Händler.

Studer, system. Verz. der Schweizer-Conchylien, in Gärtner's naturwissenschaftl. Anzeiger, 3. Jahrg. No. 11 u. 12, Bern, 1820.

Sturm, J., Deutschlands Fauna, VI. Abth., Würmer, 1803—29.

Swainson, W. M., Zoological illustrations, London, 1820.

— — - -, a treatise on Malacology, or shells etc., 1840.

Turton, Manual of the land- and freshwater-shells of the british islands, Lond. 1831.

Walcker, M., testacea minuta, rariora, 1784.

Wood, W., index testaceologicus, 1825, ed. secund. et suppl. 1828.

Ziegler, Custos beim zool. Mus. in Wien, bereits verstorben.

Animalia mollusca, Weichthiere.

I. Gruppe:

M. Gasteropoda,

Bauchfufs-Schnecken.

Thier mit freiem Kopfe; Augen und Fühler; Fortbewegung geschieht durch einen am Buche befindlichen, dickfleischigen Fufs. Das Gehaüs ist einschalig oder fehlt.

I. Abtheilung:

M. Pulmonata inoperculata Fér.

Lungenschnecken ohne Deckel.

Zwitter. An der Rückenseite ein gefäfstragender Sack, von dem eine Oeffnung zum Athmen nach aufsen führt. Oberkiefer hornartig. Zunge mit knorpligen Zähnen besetzt. Mit oder ohne Gehaüs. Bei denen ohne Gehäus findet man statt dessen unter der schildförmigen Rückendecke entweder Kalkkörner oder eine kleine, aus Kalktäfelchen zusammengesetzte Platte.

1. Familie:

Limacea, Limaceen, Nacktschnecken.

Fufssohle der ganzen Länge nach mit dem Körper zusammenhangend. Kein Gehaüs. Auf dem Rücken, meist dem Kopfe genähert, ein fleischiger Schild, worunter die Lunge. Das Athemloch rechts am Rande des Schildes. Fühler sind vier; auf den beiden längsten die Augen.

1. Gattung:

Arion Fér. Theerschnecke.

Limax (e. p.) Linn.

Schild dem Kopfe sehr genähert. Körper halbstielrund, besonders am Hinterende, und daselbst die Oeffnung eines Schleimbehälters. Athemloch etwas vor der Mitte, rechts am Rande des Schildes, und darunter die Geschlechtsöffnung. Innerhalb des Schildes eine kleinere oder gröfsere Menge in Schleim gehüllter Kalkkörner.

1. Art:

A. ater List. die schwarze Theerschnecke.

Supra niger, tentaculis plerumque nigris; ora corporis lineolis nigris transversis.

Limax ater Linn. Müll. Drap.

Arion empiricorum Fér.

β. ***Niger, margine rufo-flavo vel scarlatino.***

γ. ***Totus rufus vel brunneus.***

Limax succineus Müll. — *L. rufus autor.*

δ. ***Brunneus, margine flavescente.***

Limax luteus Razoumowski. — *L. marginellus* Schrnck.

Das Hauptkennzeichen dieser Art, welches sich auch fast immer bei allen ihren Abarten findet, sind die schwarzen Querstreifen des Körpersaums, und die beinah immer schwarzen Fühlhörner; es sind mir nur einige Stücke der ***var.*** γ und δ vorgekommen, wo die letzteren mehr grünlich-grau waren.

Aufser den angegebenen Abarten kommen in der Mark

noch einige minder erhebliche Spielarten vor. Die Form α, welche sich am haüfigsten findet, ist im Leben auf der Oberseite glänzend schwarz; der Schild fast glatt, der Körper ziemlich regelmäfsig maschenförmig narbig. Die Fufssohle ist schmutzig olivengrün, immer aus drei abgesetzten Längsfeldern bestehend, wovon das mittlere eine an beiden Enden zugespitzte Ellipse bildet. Von Kalkkörnern fand ich unter dem Schilde kaum eine Spur. Die Länge betrug bei grofsen Stükken im Leben ungefähr 5 par. Zoll. — Haüfig im Thiergarten; im Charlottenburger-, Friedrichsfelder- und Schönhauser Schlossgarten.

Die Formen β und γ sah ich öfters im Thiergarten; die Form δ im Brieselang; sie waren sämmtlich kleiner und nach Verhältniss schlanker als α.

Dafs die Fuhrleüte Deütschlands früher, und stellenweis noch jetzt, hauptsächlich diese Art auf die Achsen ihrer Wagen legen, um ein leichteres Umgehen der Räder zu bewirken, habe ich von mehreren Personen versichern hören. (Siehe auch Dr. H. Scholtz, Ergänz. z. Molluskenfauna Schlesiens, in der Uebersicht d. Arbeiten der schles. Ges. für vaterl. Kultur, im J. 1844, S. 136).

2. Art:

A. hortensis Fér. die Garten-Theerschnecke.

„*Griseus vel nigricans, fascia utrinque longitudinali nigra; margine (magis minusve) rufescente.* C. Pf."

Der Obertheil des Körpers ist in der Regel hell grauschwarz, bisweilen braünlich; diese Farbe ist auf jeder Seite von einer dunkleren Längslinie begränzt. Der Saum des Leibes, der Rand des Fufses, und des letzteren Sohle, sind stets mehr oder weniger stark röthlich-gelb. Die Oberhaut des Körpers ist ebenfalls maschig genarbt; die des Schildes (welches verhältnifsmäfsig klein erscheint) nur unter der Loupe fein gekörnt.

Hinsichtlich der Länge und Dicke erreicht diese Art etwa nur den vierten Theil der vorhergehenden. Bei einigen Stükken aus dem Grünwalde ist die Oberfläche grau, die Längsbinden sehr verloschen, und die Fuſssohle schmutzig gelb; die Kalkkörner unter dem Schilde bildeten ein gleichsam crystallinisches Conglomerat. Stücke aus einem Garten innerhalb Berlins Mauern, sind röthlich grau mit entschieden hervortretenden Längsbinden, die Seiten und Fuſssohle mehr röthlich.

In tiefliegenden, feüchten Gärten haüfig.

Daſs auſser diesen beiden Arten der Gattung *Arion* noch vielleicht *A. albus* Fér. und *subfuscus* Drap. in der Mark vorkommen, steht zu vermuthen.

2. Gattung:

Limax List. Wegschnecke.

Schild der Form nach wie bei der vorigen Gattung; das Athemloch ebenfalls rechts, aber hinter der Mitte des Schildrandes. Der Körper ist oben am Hinterrande mehr oder weniger deütlich gekielt und ohne Schleimbehälter. Die Geschlechtsöffnung befindet sich hinter dem rechten Fühler. Der Schild umschlieſst eine aus Täfelchen zusammengesetzte, gewöhnlich länglichrunde Kalkplatte, die zuweilen einen kleinen nagelartigen Fortsatz hat.

1. Art:

L. cinereus List. die aschgraue Wegschnecke.

Cinereus, magis minusve flavo-maculatus, postice evidenter carinatus, carina albido-flava; clypeus postice leviter acutatus.

L. maximus Linn. — *L. cinereus* Müll. — *L. antiquorum* Fér.

Der Körper ist runzlich; die Runzeln bilden nach dem Fuſse hin verlaufende regelmäſsige Reihen; die Farbe ist ein mattes Grau; auf dem Rücken befinden sich zwei unregelmäſsige, gelbliche Binden, die nach auſsen von zwei deütlichen, schwarzen Linien begränzt sind. Die gröſste Dicke des Körpers bildet die Umgebung des Schildes, während der gekielte Hinterleib ziemlich spitz verlaüft. Der Schild ist einfach grau und glatt. Die Fuſssohle besteht wie bei *Arion* aus drei getrennten Längsfeldern, von denen das mittlere ellipsoidisch, an beiden Enden zugespitzt und von gelber Farbe —, die beiden Seitenfelder jedoch aschgrau sind. (So an den mir vorliegenden Stücken; ob nur eine Ausnahme?) Die Kalkplatte im Schilde ist an 4''' lang und 2''' breit, dünn und durchscheinend.

Ich fand, wenn ich mich nicht irre, meine Exemplare im Thiergarten, deren Länge im Leben $5\frac{1}{2}$'' betrug.

2. Art:

L. variegatus Drap. die bunte Wegschnecke.

Supra cinereo-coerulescens, maculis flavescentibus; subtus et lateribus lutescens; tentacula subcaerulea; clypeus postice rotundatus; carina mediocris.

L. flavus (*maculatus*) Linn. — *L. flavescens* Brard.

Der Körper ist mit reihenförmig gestellten Runzeln bedeckt, die an ihren Enden nicht wie bei der vorigen Art eckig, sondern mehr abgerundet erscheinen; einige derselben behalten die gelbliche Grundfarbe, andere werden graublau, und deshalb sieht das Thier gesprenkelt aus. Der Schild ist an den Rändern, besonders vorn, gelblich; in der Mitte ebenfalls blaülich mit vielen gelblichen Flecken; die Runzeln des Schildes sind viel feiner, als die des Körpers; die Fühler blaülichgrau. An der Fufssohle sind die drei Längsfelder rein gelb. Die Kalkplatte im Schilde fand ich etwa $2\frac{1}{2}$''' lang und 2''' breit, undurchsichtig und ziemlich dick.

Einige noch nicht ausgewachsene Stücke sammelte ich in der Nähe einer Wiese unter feüchten Brettern; andere in einem Keller Berlins, wo sie vielleicht durch frischen Kohl oder feüchtes Klobenholz hineinkamen; das gröfste dieser letzteren war lebend etwa $2\frac{1}{2}$'' lang und nach dem Schilde hin ansehnlich verdickt.

Férussac erwähnt bei dieser Art, dafs einige Stücke in ein bedecktes Glas gesetzt, nach einiger Zeit einen starken, unerträglichen Geruch entwickelten, der entweder von der Nahrung oder dem Aufenthaltsorte herrühre. Auch sah er eine

Menge Milben (*Acarus*) auf den Thieren mit Schnelligkeit hin- und herlaufen.

3. Art:

L. agrestis Linn. die Acker-Wegschnecke.

Flavescens, supra et lateribus irregulariter fusco-reticulatus; clypeus postice rotundatus; tentacula fusco-nigra; carina brevis.

L. reticulatus Müll. — *L. filans* Hoy.

Der Körper ist mit Runzeln in ziemlich regelmäfsigen Reihen bedeckt; seine Grundfarbe ist ein schmutziges Gelb; die Ränder der Runzeln sind mehr oder weniger dunkelbraun, die Enden derselben nicht abgerundet, sondern zugespitzt. Der Schild ist braun und gelblich marmorirt, an den Rändern heller; das Athemloch ist stets mit einem gelblichen Saume umgeben; seine Oberfläche ist fein gekörnt. Die beiden obersten Fühler sind dunkelbraun. Die Fufssohle ist von der Grundfarbe des Körpers, und wie bei den vorigen aus drei Längsfeldern bestehend. Die Kalkplatte im Schilde fand ich länglich rund, kaum 2‴ lang, $1\frac{1}{4}$‴ breit, undurchsichtig und ziemlich dick.

Meine Exemplare, von denen nur wenige ausgewachsen sind, sammelte ich in der Nähe der Pichelsberge unter angeschwemmter Borke; die gröfsten waren im Leben 2″ lang und nach vorn mäfsig verdickt.

Aufser diesen drei Arten besitze ich noch einen im Grünwalde gefundenen *Limax*, welcher nicht unwesentlich von den beschriebenen abweicht, und vielleicht eine neue Species ist. Die Farbe seines Körpers ist gröfstentheils gelblich, nur auf dem Schilde bemerkt man zwei braünlich-graue Längsbinden, die neben dem Kiele beiderseits, etwas verblafst, nach dem Hinterende des Leibes fortlaufen. Die oberen Fühler sind blassgrau. Die Form der Runzeln ist ungewöhnlich; dieselben bilden nämlich nach den Seiten hin regelmäfsige, schmale, linienlange Parallelogramme, von denen die aüfsersten, welche den Fufssohlenrand berühren, am Grunde breiter werden. Die Fufssohle hat die Farbe des Leibes. Die Kalkschale im Schilde ist $1\frac{1}{2}'''$ lang und etwa $\frac{5}{6}'''$ breit, verhältnifsmäfsig hart und durchscheinend. — Er ähnelt den Abbildungen von *L. Valentianus* Fér. und *L. marginatus* Drap. Mit dem ersteren hat er die Lage des Athemloches hinter der Mitte des Schildes —; mit dem letzteren die bandförmigen Seitenstreifen des Schildes und die hellere Farbe des Kieles gemein; nur sind keinerlei isolirte Punkte, wie in der Abbildung des *L. marginatus* angedeütet, auf dem Körper bemerkbar.

Endlich bemerkte ich noch in der Gegend von Tempelhof bei Berlin, einen, wiewohl sehr jungen *Limax*, von schlanker Form und glänzend schwarzer Farbe des Körpers, den ich geneigt bin, für *L. Gagates* Drap. anzusehen.

Die Bestimmung beider Arten kann mit Sicherheit erst nach Auffindung mehrerer Stücke, wozu ich hiermit Anregung gegeben haben will, erfolgen.

2. Familie:

Helicea, Heliceen, Gehaüsschnecken.

Fufssohle am vorderen Theile des Körpers, dessen übriger Theil sich in einer, stärker oder schwächer, allermeist spiralförmig gewundenen Schale befindet, in die sich das Thier, mit wenigen Ausnahmen, vollständig zurückzuziehen vermag. Athemloch rechts oder links am Mantelrande. Fühler sind vier; auf den längsten die Augen. Verschliefsen das Gehaüs nur im Winter durch eine kalkige Absonderung, die aber mit dem Thier nicht verwächst und im Frühjahr abgeworfen wird.

1. Gattung:

Vitrina Drap. Glasschnecke.

Cobresia Hübn. — *Hyalina* Stud. — *Helixarion* Fér. — *Helicolimax* Blainv. —

„*Testa imperforata, tenuissima, depressa; spira brevis, anfractu ultimo magno; apertura magna, lunata vel rotundata, margine columellari subinflexo, saepe membranaceo-marginato.* L. Pf."

Das Gehaüs ist nicht durchbohrt, sehr dünn, niedergedrückt; das Gewinde kurz, der letzte Umgang grofs; die Mündung weit, mondförmig oder zugerundet, mit eingebogenem Spindelsaülenrande, der oft einen haütigen Anhang hat. — Das Thier ragt fast immer aus der Schale etwas hervor, und hat auf der rechten Seite einen haütigen Anhang, den es in die Schale zurückziehen kann; der Fufs ist schmal und spitzig.

1. Art:

V. pellucida Müll. die durchsichtige Gl.

„*T. convexiusculo-depressa, sublaevis, nitidissima, pellucida, beryllina; spira mediocris, prominula; sutura subcrenulata, concolor vel rufescens; anfractus tres celeriter accrescentes, convexiusculi, ultimus subtus latus, planiusculus, medio impressus, vix membranaceo-marginatus; apertura obliqua, lunato-rotundata, aeque alta ac lata; peristoma subinflexum, undique regulariter arcuatum.* L. Pf."

Helix pellucida Müll. — *V. beryllina* C. Pf. — *V. Mülleri* Jeffr. — *V. pellucida* Rossm. —

Das Gehaüs ist von rundlicher, etwas gedrückter Form, fast glatt, sehr glänzend, durchsichtig; das Gewinde klein, wenig vorstehend; die Naht ist fein gekerbt, einfarbig oder röthlich; die drei schnell zunehmenden Umgänge sind schwach gewölbt, der letzte unten breit, abgeflacht, in der Mitte eingedrückt und kaum haütig-gerandet; die Mündung ist schief, mondförmig rund, so hoch als breit; der Mundsaum ist etwas nach innen gekrümmt, überall gleichförmig gebogen. — Das Thier ist von blaülich grauer Farbe; seine Fufssohle weifslich und deren Rand röthlich braun.

Die leeren Gehaüse findet man fast überall in feüchter Wiesen- und Gartenerde; lebende Stücke an Grabenrändern und in den ausgetrockneten Gräben selbst. (Wenn man die lebenden Schnecken, nach der Tödtung, mit wenigem Wasser übergossen einem Faulungsprocess unterwirft, und dann mit vielem Wasser in einer Flasche schüttelt, erhält man reine und unverletzte Gehaüse).

Möglicherweise kommen in der Mark noch die Arten *V. diaphana* Drap. und *V. elongata* Drap. vor, weshalb ich mir erlaube, hier darauf aufmerksam zu machen.

2. Gattung:

Succinea Drap. Bernsteinschnecke.

Amphibulima Lam. — *Tapada* Stud. — *Lucena* Oken. —

„*Testa imperforata, tenuis, ovata vel oblonga; spira parvula; apertura magna, oblique ovalis; columella simplex, acuta, recta; peristoma simplex, acutum.* L. Pf."

Das Gehaüs nicht durchbohrt, dünnschalig, eiförmig oder länglich; das Gewinde klein; die Mündung grofs, schief eirund; die Spindelsaüle einfach, spitz, grade; der Mundsaum ebenfalls einfach und scharf. — Die unteren Fühler des Thieres sind kurz.

1. Art:

S. putris Linn. Die stinkende Bernsteinschnecke.

„*T. ovata, tenuis, rugoso-striatula, pellucida, nitidula, succinea vel straminea; spira conica, acutiuscula; anfr.* 3—3$^1/_2$ *convexiusculi, ultimus ventrosior,* $^2/_3$ *longitudinis subaequans; sutura laevis; columella simplex, leviter arcuata; apertura vix obliqua, ovalis superne angulata.* L. Pf."

Helix putris Linn. — *H. succinea* Müll. — *Bulimus succineus* Brug. — *Succinea amphibia* Drap., Lam., Rossm. etc. — *Amphibia putris* Hartm. — *Neritostoma vetula* Klein. — *Succinea* Mülleri Leach.

Das Gehaüs ist eiförmig, dünnschalig, runzlich-gestreift, durchsichtig, ziemlich glänzend, bernsteinroth oder strohfarben; das Gewinde kegelförmig und etwas zugespitzt; 3—3$^1/_2$ Umgang, der letzte bauchiger und $^2/_3$ der Länge ausmachend, alle ziemlich gewölbt; die Naht seicht; die Spindelsaüle einfach, leicht gebogen; die Mündung kaum schief, von Eiform und oben winklig. Inwendig ist das Gehaüs stark glänzend, wie mit einem Firnis überzogen. — Das Thier schmutzig gelbgrau. — In der Gröfse sehr schwanckend; die Höhe geht bis 16''', die Breite $7\frac{1}{2}$'''.

Die schönsten und gröfsten Stücke findet man im Brieselang; aufserdem im Charlottenb. Schlofsgarten und an vielen anderen Orten; auch fossil an der Panke.

2. Art:

S. Pfeifferi Rossm. Pfeiffers Bernsteinschnecke.

„*T. solidior*, *elongata*, *intus margaritacea*; *apertura ampla*, *elongato-ovata*, *perobliqua*. Rossm."

S. intermedia Bean. — *S. levantina* Desh. — *S. calycina* Menke. — *S. gracilis* Alder.

Das Gehaüs ist gewöhnlich etwas dickschaliger und inwendig perlmutterfarben; (— nach meiner Beobachtung jedoch nur bei solchen Gehaüsen, die, eine Zeit lang des Thieres beraubt, der Luft ausgesetzt lagen —) von etwas gestreckter Form; die Mündung ist weit, verlängert eirund und sehr schief. Leere Gehaüse, und noch haüfiger blofs deren Gewinde, nehmen nicht selten eine rosenrothe Farbe an. — Die Höhe beträgt 6—7''', die Breite 3'''. — Das Thier ist grauschwarz.

Man findet diese Art nicht wie die vorige an feüchten Orten auf dem Lande, sondern an den Rändern von grofsen Flüssen und Seen, soweit der Wellenschlag reicht, gewöhnlich auf der Erde herumkriechend. Sehr haüfig am Ufer des Stienitzsees bei Tasdorf, des Tegler Sees etc.

3. Art:

S. oblonga Drap. Die längliche Bernsteinschnecke.

„*T. ovato-oblonga*, *acuminata*, *subventricosa*; *sutura profunda*; *apertura rotundo-ovata*. Rossm."

Helix Buccinum Schrück. — *H. elongata* Fér.

Das Gehaüs hat $3\frac{1}{2}$ Umgang, ist länglich-eirund, zugespitzt; der letzte Umgang etwas bauchig; die Naht tief; die Mündung von rundlicher Eiform; die Farbe stets hell hornartig. — Höhe 3—4''', Durchmesser 2'''. Das Thier ist gelblich grau.

Im Allgemeinen seltener, als die vorigen Arten; an einigen Stellen nahe der Panke; im Brieselang; bei Friedrichsfelde.

3. Gattung:

Helix Linn. Schnirkelschnecke.

„*Testa umbilicata, perforata vel imperforata, discoidea, globoso-depressa, vel conoidea; apertura transversa, obliqua, lunaris vel subrotunda, marginibus distinctis, remotis vel callo iunctis.* L. Pf."

„*Animal gracile, inclusum, pallio in testa condito, tentaculis quatuor cylindricis, superioribus maioribus apice capituliferis, oculiferis.* Rossm."

Das Gehaüs ist genabelt, durchbohrt oder nicht, scheiben-, kegel- oder gedrückt kugelförmig; die Mündung verquer, schief, mondförmig oder fast rund, mit sich entfernenden oder nähernden, durch Schmelzerguſs verbundenen Rändern. — Das Thier ist schlank, wird vom Gehaüse vollständig aufgenommen; von den vier stielrunden Fühlern, sind die gröſseren, oberen, mit Köpfchen versehen, auf denen die Augen befindlich.

1. Art:

H. pomatia Linn. Die Obstgarten-Schnecke.

„*T. semiobtecte perforata, globosa, rugoso-striata, lineis confertis, concentricis magis minusve decussata, rufescens vel flavescens, fasciis fuscis obsoletis notata; anfr.* 5 *convexiusculi, ultimus magnus, subcompressus; columella arcuata; apertura ampla, lunato-ovalis, intus nitida; peristoma patulum, subincrassatum, margine columellari dilatato, reflexo, carneo vel fuscescente.* L. Pf."

Pomatia antiquorum Leach. — *Coenatoria pomatia* Held. *Helicogena pomatia* Hartm. —

Das Gehaüs ist halbbedeckt-durchbohrt, kuglig, runzlich gestreift, röthlich oder gelblich, mit braunen, etwas verwaschenen Längsbinden; die fünf Umgänge sind ziemlich gewölbt, der letzte grofs, etwas zusammengedrückt; die Spindelsaüle ist gekrümmt; die Mündung weit, mondförmig, inwendig glänzend; der Mundsaum ist aufgeworfen und etwas verdickt, am Spindelsaülenrand erweitert, umgeschlagen, und ebendaselbst fleischfarben oder braünlich. Bei grofsen Stücken sind die beiden Ränder des Mundsaums oft durch Schmelzergufs verbunden. — Die Höhe des gröfsten von mir in hiesiger Gegend gefundenen Stückes beträgt 28''', der Durchmesser beinah ebensoviel. — Das Thier ist schmutzig gelb-grünlich; die Oberfläche fein gekörnt; sein Winterdeckel dick und undurchsichtig.

Blendlinge, Scalariden und linksgewundene habe ich hierorts nicht wahrgenommen.

Im Schönhauser Schlossgarten nicht selten; in den Rüdersdorfer Kalkbergen haüfig.

2. Art:

H. arbustorum Linn. Die Baumgarten-Schnecke.

„*T. obtecte perforata, depresso-globosa, tenuis, concentrice minutissime striata, longitudinaliter, praesertim ad suturam, ruguloso-striatula, fusca, stramineo-conspersa, plerumque rufo-unifasciata; spira magis minusve elevata; anfractus* 6 *convexi, ultimus antice vix descendens; apertura lunato-rotundata; peristoma candide labiatum, margine supero expanso, basali reflexo, ad umbilicum dilatato.* L. Pf."

Helix rudis Mühlf. — *Arianta arbustorum* Leach. — *Cochlea unifasciata* Costa. — *H. picea* Ziegl. — *H. Xatartii* Fér. — *H. Wittmanni* Zawadz. — *H. turgidula* Wood. — *H. subalpina* Hartm. —

Das Gehaüs ist bedeckt-durchbohrt, gedrückt-kuglig, dünnschalig, sehr fein gestreift, der Länge nach, besonders an der Naht, runzlich gestrichelt, braun, strohgelb gefleckt, meist mit einer rothbraunen Längsbinde; das Gewinde stärker oder schwächer hervortretend; die sechs Umgänge sind gewölbt, der letzte vorn kaum herabsteigend; die Mündung ist rundlichmondförmig; der Mundsaum weifs gelippt, der obere Rand ausgedehnt, der untere zurückgebogen, über den Nabel hingestreckt. Bei grofsen Stücken findet man die Mundsaumränder nicht selten durch Schmelzergufs zusammenhangend. — Das Thier ist blaulich schwarz. — Die gröfsten hier gefundenen Gehaüse haben eine Höhe von 15''', und einen ebenso starken Durchmesser.

Mehrere der oben angegebenen Synonymen beruhen auf Formen der Gebirge, wo diese Art in ihren Umrissen und Färbung nicht unbedeütenden Veränderungen unterworfen ist. Auch hat man von ihr nicht selten Monstrositäten gefunden.

In vielen Gärten Berlins, Charlottenburgs; im Thiergarten; in feüchten Laubwaldungen; überall gemein und gewöhnlich in allen Stadien der Entwicklung.

3. Art:

H. hortensis Müll. Die Gartenschnecke.

Testa depresso-globosa, sequente plerumque minor, fasciata vel concolor; peristoma intus albo-labiatum.

Helix hybrida Poir. — *Tachea hortensis* Leach. — *H. mutabilis* Hartm. — *Cepaea hortensis* Held. —

Das Gehaüs gedrückt-rundlich, in der Regel von geringerem Umfange, als das der folgenden Art, gebändert oder einfarbig; der Mundsaum inwendig weifs gelippt. Höhe 10''', Durchmesser $14\frac{1}{2}$'''; doch sind manche Spielarten beständig kleiner. — Das Thier ist gelbgrünlich.

Viele Schriftsteller (— erst neüerdings Ludw. Pfeiffer in seiner *Monographia Heliceor. vivent.* —) werfen diese und die folgende Art zusammen. Aber ihre Form- und Farbenunterschiede, und der fast stets weifsgelippte Mundsaum werden schon seit vielen Jahren dauernd beobachtet; es ist mir auch, wenigstens in hiesiger Gegend, kein Ort bekannt, wo diese und die folgende gemischt vorkämen. Besonders haüfig bemerkt man bei ihr ein Ineinanderfliefsen der Binden, wo solche vorhanden.

In hiesiger Gegend fand ich der Färbung nach folgende Verschiedenheiten:

a) Rein gelb; ändert wieder darin ab, daſs oft nur die drei ersten Umgänge dunkel-, die übrigen weiſsgelb sind; es kommen ferner davon kleinere, abgeflachte — und gröſsere, mehr konische Stücke vor. Haüfig.
b) Gelb, auf der Mitte der Umgänge verloschen blaſsbraun. Selten.
c) Schmutzig weiſs, mit 3—5 helleren oder dunkleren, schmaleren oder breiteren braunen Längsbinden; die zwei ersten Umgänge öfters schön gelb. Haüfig.
d) Weiſs mit einer breiten und zwei schmalen braunen Längsbinden.

Zwischen diesen bestimmteren Spielarten kommen noch mancherlei Uebergänge vor; dunkelfleischfarbene, wie mir Herr O. Goldfuſs aus der Umgegend von Bonn mittheilte, scheinen bei uns nicht vorhanden zu sein; bei diesen ist übrigens die Lippe blaſsröthlich, und das Innere schön lilafarben.

Nicht selten in den Gärten Pankows; im Brieselang; sehr haüfig in den Rüdersdorfer Kalkbergen. Auch fossil an der Panke.

4. Art:

H. nemoralis Linn. Die Waldschnecke.

„*T. imperforata, subglobosa, striata, fasciata vel concolor; anfractus 5 convexiusculi, ultimus antice descendens; apertura late angulato-lunaris; peristoma reflexum, labiatum, margine dextro arcuato, columellari illum superante, strictiusculo, dilatato, calloso; faux et peristoma fusca vel nigricantia.* L. Pf."

Helix turturum Stew. — *Helicogena nemoralis* Risso. — *Tachea nemoralis* Leach. — *Cepaea n.* Held. —

Das Gehaüs nicht durchbohrt, fast kuglig, gestreift, mit Binden oder einfarbig; 5 ziemlich gewölbte Umgänge, der letzte vorn herabsteigend; die Mündung breit winklig-mondförmig; der Mundsaum umgebogen, gelippt, sein rechter Rand gebogen, der Spindelsaülenrand über jenen fortragend, etwas eingeschnürt, erweitert-schwielig; Schlund und Mundsaum braun oder schwärzlich. Höhe 11''', Durchmesser 15'''. —

Das Thier ist gelbgrünlich; sein Winterdeckel mäfsig dick und undurchsichtig.

Folgende Farben-Veränderungen des Gehaüses sind mir aus hiesiger Gegend bekannt:

a) Rein gelb. Haüfig.
b) Gelb mit einer rothbraunen Längsbinde auf der Mitte der Umgänge. Haüfig.
c) Gelb mit 3—5 rothbraunen, mehr oder weniger breiten Binden. Haüfig.
d) Dunkel fleischfarben. Haüfig.
e) Dunkel fleischfarben mit einer braunen Längsbinde. Haüfig.
f) Blafs fleischfarben mit 3—4 braunen Binden von verschiedener Breite. Nicht selten.
g) Fleischfarben, unten zwei breite braune von einer weifsen getrennte Längsbinden, darüber eine breitere weifse und dann eine schmale braune. Selten.

In fast allen älteren Gärten Berlins, im Charlottenburger- und Friedrichsfelder Schlofsgarten haüfig.

5. Art:

H. fruticum Müll. Die Strauchschnecke.

„*T. aperte umbilicata, globosa, opaca, rufescens aut albido-lutescens (raro castaneo-unifasciata); anfractus 5—6 convexi, concentrice obsolete striolati, ultimus basi inflatus, circa umbilicum mediocrem, pervium excavatus; apertura lunato-rotunda; peristoma subpatulum, sublabiatum.* L. Pf."

Helix terrestris Gmel. — *H. cinerea* Poir. — *Helicella fruticum* Fitzing. — *Bradybaena fr.* Beck. — *Fruticola fr.* Held. — *Eulota fr.* Hartm. —

Das Gehaüs ist deütlich genabelt, kuglig, undurchsichtig, röthlich oder weifsgelblich (selten mit einer kastanienbraunen Längsbinde); 5—6 mäfsig gewölbte Umgänge, welche kaum merklich überkreis gestrichelt sind, der letzte am Grunde etwas aufgetrieben, um den mäfsig grofsen Nabel herum durchgehend ausgehöhlt; die Mündung mondförmig-rund; der Mundsaum etwas aufgeworfen, schwach gelippt. Bei frischen Stücken von hier ist die Lippenwulst vorn blafsroth, nach Aufsen rothbraun durchscheinend. Höhe 10‴, Durchmesser $11\frac{1}{2}$‴. — Das Thier von gelblich grauer Farbe und etwas fleckig.

Stücke mit einer braunen Längsbinde kommen im Brieselang, wo diese Schnecke zunächst um Berlin gefunden wird, gleichfalls, aber selten vor; ich besitze von ebendaher eins, auf dessen letzten und vorletzten Umgang, mehr nach oben, eine sehr feine weifse Linie hinläuft.

Durch die Güte des Herrn O. Goldfufs erhielt ich aus Bonns Umgegend einige Exemplare, die von schmutzig-weifser Farbe sind, und sich aufserdem von den hiesigen durch den Mangel des nach Aufsen rothbraun durchscheinenden Lippensaums unterscheiden.

6. Art:

H. strigella Drap. Die fein gestrichelte Schnecke.

„*T. aperte umbilicata, depresso-globosa, striata, cornea, albido-cingulata (fugacissime-pubescens); anfr.* $5\frac{1}{2}$—*6 planiusculi, ultimus antice descendens; apertura lunato-rotundata; peristoma reflexiusculum, remote labiatum, marginibus approximatis, columellari dilatato.* L. Pf."

Helix sylvestris v. Alt. — *H. plebeia* Kryn. — *H. apennina* Mühlf. — *Hel. cornea* Hartm. — *H. Altenana* Gärtn. — *H. piligera* Andrz. — *H. fruticosa* —Parr.

Das Gehaüs weit genabelt (noch weiter, als bei der vorhergehenden Art), gedrückt rundlich, gestreift, hornfarben, mit einem weifslichen Gürtel; $5\frac{1}{2}$—6 abgeflachte Umgänge, der letzte vorn herabsteigend; die Mündung mondförmig zugerundet; der Mundsaum etwas zurückgebogen, wenig von Aufsen entfernt gelippt, mit genäherten Rändern, der Spindelsäulenrand etwas ausgebreitet. — Die Lippenwulst ist bei frischen Stücken röthlich weifs, nach Aufsen gelbbraünlich durchscheinend; junge sind bis etwa zu $\frac{1}{6}$ ausgewachsen, dicht behaart; die Haare gehen später verloren. — Höhe 6‴, Durchmesser 9‴. — Das Thier ist gelbgrünlich, etwas gefleckt.

Stücke aus Bonn's Umgegend sind dunkler hornfarben, und nicht undeütend kleiner, als die hiesigen.

An einigen Stellen der Rüdersdorfer Kalkberge nicht selten.

7. Art:

H. incarnata Müll. Die fleischfarbene Schnecke.

„*T. perforata, depresso-globosa, leviter carinata, tenuis, opaca, pruinosa, rufescens, pellucide unifasciata, minutissime granulata; anfr. 6 convexiusculi, ultimus antice deflexus; apertura lunaris; peristoma acutum, subreflexum, extus rufescens, intus labio incarnato, marginem non attingente munitum* L. Pf."

Helix sylvestris Hartm. — *H. tecta* Ziegl. — *H. Welebitana* Stentz. — *Monacha incarnata* Fitz. —

Das Gehaüs ist durchbohrt, flachkuglig, etwas gekantet, dünnschalig, undurchsichtig, bereift, röthlich, mit einem durchscheinenden Gürtel, sehr fein gekörnt; sechs ziemlich gewölbte Umgänge, der letzte vorn etwas herabgebogen; die Mündung mondförmig; der Mundsaum scharf, schwach umgewandt, aufsen röthlich, inwendig, vom Rande etwas entfernt, mit einer fleischfarbenen Lippenwulst. Höhe 5½‴, Durchmesser 8½‴. — Das Thier ist grünlichgrau, stellenweis mit reihenförmigen Flecken.

Bei 250facher Vergröfserung erscheint die Oberfläche des Gehaüses fein längsstreifig; auf diesen Streifen sieht man in regelmäfsige Querreihen geordnete, schwach gebogene, an beiden Enden etwas zugespitzte Leisten, die mit einer blofsen Loupe betrachtet, gleichsam ein netzartiges Gewebe vorstellen. Nur bei sehr wohl erhaltenen, namentlich jungen Gehaüsen, ist jene Eigenthümlichkeit deütlich wahrzunehmen; bei älteren bleibt davon zuweilen kaum eine Spur übrig.

Durch Herrn O. Goldfufs erhielt ich einige Stücke dieser Art aus Bonn's Umgegend, die etwas kleiner als unsere, schmutzig hornfarben und unregelmäfsig gestreift sind, aber von der erwähnten Structur der Oberfläche nur geringe Ueberbleibsel besitzen.

Diese Schnecke bildet gleichsam eine Mittelform zwischen den beiden vorhergehenden Arten. Den Bau des Mundsaums hat sie mit beiden gemeinschaftlich, nur ist seine Farbe etwas gesättigter, als bei *H. fruticum*, dessen Gröfse sie auch nur zur Hälfte erreicht. Die helle Längsbinde besitzt sie ebenso, wie *H. strigella*, nur ist dieselbe etwas feiner. Die Nabelöffnung ist kaum halb so grofs, als die von *H. fruticum*.

An einigen Stellen im Brieselang, ausgewachsene Stücke sehr selten.

8. Art:

H. ericetorum Müll. Die Haideschnecke.

„*T. late umbilicata, depressa, striata, albida vel pallide fuscescens, concolor vel fasciis variis fuscis et corneis ornata; spira vix elevata; anfr. 6 convexiusculi, ultimus cylindricus, antice deflexus; apertura subcircularis; peristoma rectum, intus leviter labiatum, marginibus approximatis.* L. Pf."

Helix media Gmel. — *H. Erica* da Costa. — *H. zonaria* Schrnk. — *H. dubia* Hartm. — *Zonites ericetorum* Leach. — *Oxychilus ericetorum* Fitz. — *Theba e.* Beck. — *Xerophila e.* Held. —

Das Gehaüs breit genabelt, niedrig, quergestreift, weifslich oder hellbraünlich, einfarbig oder mit verschiedenen braunen und hornfarbenen Längsbinden geschmückt; das Gewinde kaum hervortretend; sechs ziemlich gewölbte Umgänge, der letzte stielrund, vorn niedergebogen; die Mündung fast kreisrund; der Mundsaum gerade, inwendig schwach gelippt, mit genäherten Rändern. Höhe 5''', Durchmesser 9'''. — Das Thier von grüngelblicher Farbe.

Bei allen in hiesiger Gegend gefundenen Stücken ist die Grundfarbe des Gehaüses weifs; und die Längsbinden, der Zahl nach zwischen 2—6 schwankend, bestehen meist aus mehr oder weniger grofsen, reihenförmig gestellten gelbbraünlichen Flecken; auch sind die 2 ersten Umgänge fast immer, wenigstens an frischen Stücken, röthlich fleischfarben. Ganz weifse habe ich hier nie bemerkt.

Stücke aus der Gegend von Frankfurth a. M. sind um $^1/_3$ gröfser, als die hiesigen, und bei dergleichen von Bonn ist die braune Farbe vorherrschend, so dafs die weifse gleichsam nur als schmale Binden auftritt.

Auf dem Templower Berge bei Berlin, wo sie meines Wissens der in entomologischer Beziehung mehr bekannte Herr Oberlehrer Ruthe zuerst fand, und auf dem Brauhausberge bei Potsdam; an beiden Stellen sehr haüfig.

9. Art:

H. rotundata Müll. Die gerundete Schnecke.

„*T. perspective umbilicata*, *depressa*, *arctispira*, *corneolutescens*, *rufo-maculata*, *subtiliter costulato-striata; spira convexa*; *anfr.* $6\frac{1}{2}$ *planulati*, *ultimus angulatus*; *apertura depressa lunaris*; *peristoma rectum*, *simplex*, *acutum*. L. Pf."

H. radiata da Costa. — *Zonites radiatus* Leach. — *Discus rotundatus* Fitz. — *Euryomphala r.* Beck. — *Patula r.* Held. —

Das Gehaüs ist schrägvertieft-genabelt, niedrig, eng gewunden, horngelblich mit röthlichen Flecken, fein rippenstreifig; das Gewinde hervorragend; fast 7 abgeflachte Umgänge, der letzte kantig; die Mündung gedrückt-mondförmig; der Mundsaum grade, einfach und scharf. Höhe fast 2''', Durchmesser 4'''. — Das Thier von grauschwarzer Farbe.

Helix ruderata Stud. ist dieser Art sehr verwandt, aber etwas gröfser und ungefleckt; auch sind deren Umgänge mehr stielrund und die Mündung viel gewölbter; sie ist viel seltener als *H. rotundata*, dürfte aber in der Mark wohl vokommen.

In den Gründen der Rüdersdorfer Kalkberge unter feüchten Kalksteinen haüfig; im Brieselang an faulenden Stubben und im Grünwald hier und da; auch fossil an der Panke.

10. Art:

H. pulchella Müll. Die niedliche Schnecke.

„*T. umbilicata*, *subdepressa*, *albida*, *nitida*, *glabra; anfr.* $3\frac{1}{2}$ *convexiusculi*, *ultimus antice dilatatus*, *non deflexus*; *apertura obliqua*, *subcircularis; peristoma reflexum*, *candide sublabiatum*, *marginibus approximatis*. L. Pf."

H. paludosa Walck. — *H. nitidula* Stud. — *H. minuta* Say. — *Vallonia rosalia* Risso. — *Zurama pulchella* Leach. — *Chilostoma p.* Fitz. — *Circinaria p.* Beck. — *Corneola p.* Held. —

Das Gehaüs genabelt, etwas gedrückt, weifslich, glänzend, glatt; fast 4 mäfsig gewölbte Umgänge, der letzte vorn erweitert und nicht herabgebogen; die Mündung schief, fast kreisrund; der Mundsaum zurückgebogen, dünn weifsgelippt, mit genäherten Rändern. Höhe $^3/_4$''', Durchmesser $1^1/_2$'''. — Das Thier weifslich, durchscheinend; sein Winterdeckel glänzend-glasartig.

Haüfig in Gärten und Treibhaüsern Berlins, an Grabenrändern in der Jungfernheide, an faulenden Stubben im Brieselang etc.

11. Art:

H. costata Müll. Die gerippte Schnecke.

„*T. umbilicata, fulvescenti-albida, membranaceo-costulata, subopaca; anfr. $3^1/_2$ convexiusculi, regulariter accrescentes, ultimus antice subdeflexus, non dilatatus; apertura perobliqua, subcircularis; peristoma albo-labiatum, superne expansum, basi reflexum, marginibus fere contiguis.* L. Pf."

Turbo helicinus Lightf. — *Helix crenella* Mont. — *Circinaria pulchella β* Beck. —

Das Gehaüs genabelt, braünlich-weifs, haütig-gerippt, fast undurchsichtig; fast vier ziemlich gewölbte, regelmäfsig zunehmende Umgänge, der letzte vorn kaum etwas niedergebogen, nicht erweitert; die Mündung sehr schief, fast kreisrund; der Mundsaum weifs-gelippt, oben aufgetrieben, am Grunde leicht zurückgeschlagen, mit fast zusammenhangenden Rändern. In der Regel etwas Weniges gröfser, als die vorige Art; das Thier nicht verschieden.

H. costata und *pulchella* werden von vielen Schriftstellern nur für verschiedene Formen einer Art gehalten, weil mit Ausnahme der Oberfläche ihrer Gehaüse, alle übrigen Unterschiede sehr schwacher Natur sind. Hierzu kommt noch, dafs beide zuweilen gemischt an denselben Orten vorkommen, wie z. B.

im Charlottenburger Schlofsgarten, wo indessen *pulchella* vorherrschend ist. Doch giebt es auch genug Stellen, wo stets nur eine von beiden gefunden wird; so sieht man am Fulse der Stadtmauer, innerhalb Berlins, z. B. zwischen dem Schlesischen und Cotbusser-Thore nur *H. costata*, in grofser Anzahl; während ich in einigen Gärten und Treibhaüsern wieder nur *H. pulchella* bemerkte. Uebrigens sind schon die jüngsten Stücke der *H. costata* deütlich gerippt.

12. Art:

H. aculeata Müll. Die gestachelte Schnecke.

„*T. perforata, pusilla, globoso-turbinata, corneo-lutescens, lamellicostis: costis in cilias* (*aculeos!* St.) *elongatis*; *anfr. 4 convexi*; *apertura rotundata*; *peristoma membranaceum, subexpansum, marginibus approximatis.* L. Pf."

Helix spinulosa Lightf. — *H. Granatelli.* Bivon. — *H. nucleata* Turt. — *Trochus terrestris* Penn. — *Trochilus terrestris* da Costa. — *Teba spinulosa* Leach. — *Fruticola aculeata* Held. —

Das Gehaüs ist durchbohrt, klein, rundlich-kreiselförmig, horngelblich, gerippt, die Rippen stachelartig verlängert; 4 gewölbte Umgänge; die Mündung gerundet; der Mundsaum haütig, etwas aufgetrieben, mit genäherten Rändern. Höhe und Durchmesser etwa 1'''.

Bisher erst wenige Stücke, von den Herren Gebrüdern Bichlié und mir im Brieselang gefunden. Bei älteren bleiben fast nur die Rippen übrig, indem die Stacheln verloren gehen.

13. Art:

H. sericea Drap. Die seidenhaarige Schnecke.

„*T. perforata, subglobosa, cornea, pilis minutis, densis hirta*; *anfr. 5 convexiusculi, celeriter accrescentes*; *apertura late lunata*; *peristoma vix patulum, acutum, intus sublabiatum, margine columellari reflexiusculo, perforationem semitegente.* L. Pf."

H. pallescens, rubiginosa et piligera Ziegl. — *H. granulata* Alder. — *Monacha sericea* Fitz. — *Fruticola s.* Held. —

Das Gehaüs ist durchbohrt, ziemlich kuglig, hornfarben, mit kleinen Haaren dicht bedeckt; 5 mäfsig gewölbte, schnell zunehmende Umgänge; die Mündung breit mondförmig; der Mundsaum kaum aufgeworfen, scharf, inwendig sehr unbedeütend gelippt, der Spindelsäulenrand etwas umgeschlagen, das Nabelloch halb bedeckend. Höhe $2\frac{1}{2}'''$, Durchmesser bis $4'''$. — Das Thier blaülich-schwarz.

Grofse Stücke dieser Art haben einen nicht undeütlichen, besonders auf dem letzten Umgange bemerklichen, schmalen, durchscheinenden Gürtel, der bei einem an der Panke fossil gefundenen Stücke noch viel merklicher hervortritt. — Von der nachfolgenden Art unterscheidet sie sich hauptsächlich durch den stets viel engeren Nabel, die hohe und weite Mündung und den Mangel der Schmelzleiste innerhalb derselben.

Sie ist in hiesiger Gegend etwas seltener, als *H. hispida*, und liebt mit Moos bewachsene, feüchte Sumpfränder.

14. Art:

H. hispida Linn. Die rauhhaarige Schnecke.

„*T. aperte umbilicata, suborbiculato-depressa, cornea, pilis brevibus hispida, nitidula; spira convexa; anfr.* 5—6 *convexiusculi, angusti; apertura late lunaris; peristoma patulum, intus albo-labiatum, labio in margine basali strictiusculo, acute prominente.* L. Pf."

Helix concinna Jeffr. — *Testa pilis abruptis: H. depilata* C. Pf. — *Helicella hispida* Fitz. — *Fruticola h.* Held. — *Bradybaena h.* Beck. —

Das Gehaüs ist weit genabelt, fast scheibenrund abgeflacht, hornfarben, mit kurzen Haaren besetzt, schwach glänzend; das Gewinde gewölbt; 5—6 mäfsig gewölbte enge Umgänge; die Mündung breit mondförmig; der Mundsaum aufgeworfen, inwendig weifs gelippt, die Lippenwulst in der Nähe des Spindelsäulenrandes zu einer scharf hervorragenden, kleinen Leiste zusammengeschnürt; aufsen scheint die Lippe braungelb durch, und über der Leiste befindet sich eine kleine Vertiefung. Höhe bis 2''', Durchmesser bis 5'''. — Das Thier ist blaülich schwarz.

Diese Schnecke bildet durch die innerhalb des Mundsaumes vorhandene kleine Schmelzleiste gewissermafsen den Uebergang zu *H. Cobresiana v. Alten* (*H. unidentata autor.*), mit der sie auch die Behaarung gemein hat, obwohl die Form und die Umgänge des Gehaüses von *H. Cobresiana* mehr zu *H. bidens* hinneigen.

H. depilata C. Pfr., welche Ludw. Pfeiffer in seiner *Monogr. Heliceor. vivent.* wiederum als bestimmte Art aufstellt, und hauptsächlich durch den undeütlich eckigen, mit einem hellern Gürtel versehenen letzten Umgang characterisirt, habe ich in wohl 20 ausgewachsenen und ebensoviel unausgewachsenen, zum gröfsten Theile an der Panke fossil gefundenen Stüchen vor mir; bin aber nicht im Stande, die Ueberzeügung von ihrer specifischen Verschiedenheit zu erlangen. Bei den grofsen, ausgewachsenen Stücken sieht man deütlich die kleine Schmelzleiste und darüber die Vertiefung, an allen aber den hellen Gürtel auf den Umgängen. Dieser scheint jedoch immer nach der erfolgten theilweisen Verwitterung der Gehaüse erst in höherem Grade hervorzutreten, wie ich.sehen bei dem fossilen Stücke der *H. sericea* anmerkte; während derselbe an frischen Gehaüsen aus hiesiger Gegend nur schwach, dagegen an einigen aus der Umgegend von Bonn, durch Hrn. O. Goldfufs mitgetheilten, ungemein klar hervorleüchtet, und gleichwohl letztere auch noch ziemlich dicht behaart sind. Was mich aber am entschiedensten veranlafste, die sogenannte *H. depilata* wiederum mit *H. hispida* zu vereinigen, ist die Uebereinstimmung im Baue der jungen Gehaüse beider. An diesen ist nämlich der zeitweis letzte Umgang unfern der Naht, also nach Oben, stets fast kielförmig zugekantet.

An verschiedenen Stellen in Berlins Umgegend, z. B. im Brieselang, haüfig und in grofsen, ausgewachsenen Stücken. Fossil, wie bereits erwähnt, an der Panke.

15. Art:

H. bidens Chemn. Die zweizähnige Schnecke.

„*T. obtecte perforata, turbinato-globosa, cornea, pellucide cingulata, superne eleganter costulato-striata, multispira; anfr. 6—7 vix convexiusculi; apertura depressa, trisinuato-lunaris; perist. subreflexum, albo-vel rufo-labiatum, basi intus bidentatum, extus scrobiculatum.* L. Pf."

Trochus bidens Chemn. — *H. bidentata aut. plurim.* — *Conulus unidentatus var. bidentatus* Fitz. — *Trochiscus bidentatus* Held. — *Petasia fulva* Beck. —

Das Gehaüs ist verdeckt durchbohrt, rund-kreiselförmig, hornfarben, durchscheinend gegürtelt, oben sauber rippenartig-gestreift, vielgewindig; 6—7 kaum etwas gewölbte Umgänge; die Mündung geprefst und dreibuchtig-mondförmig; der Mundsaum etwas zurückgeschlagen, weifs oder rothbraünlich gelippt, am Grunde inwendig mit zwei Zähnen, über denen sich aufsen 2 kleine Grübchen befinden. Höhe 4''', Durchmesser 5'''. — Das Thier ist hell grauschwarz.

Hier und da in Deütschland kommt von dieser Art eine nach Verhältnifs um die Hälfte gröfsere Form vor.

Nicht selten im Brieselang, an und in ausgetrockneten Gräben. Auch ziemlich haüfig fossil an der Panke.

16. Art:

H. cellaria Müll. Die Kellerschnecke.

„*T. aperte umbilicata, depressa, planiuscula, nitida, subpellucida, striatula, pallide virenti-cornea, subtus albida; anfr. 6 planulati, ultimus depressus; apertura vix obliqua, depressa, oblique lunaris; peristoma simplex, acutum, margine columellari non reflexo.* L. Pf."

H. tenella Gmel. — *H. nitida* Drap. — *Polita cellaria* Held. — *Oxychilus Cellaria* Fitz. — *Zonites cellarius* Gray. —

Das Gehaüs ist weit genabelt, flach und gedrückt, glänzend, fast durchsichtig, fein gestreift, hell horngrün, unten weifslich; von den sechs abgeflachten Umgängen ist der letzte etwas zusammengedrückt; die Mündung kaum schief, zusammengepreſst, schief mondförmig; der Mundsaum einfach, scharf, am Spindelsäulenrande nicht zurückgebogen. — Höhe bis 2‴, Durchmesser 7—8‴.

Sie kommt in der Umgegend Berlins nicht haüfig vor, und soll früher auch in einem Keller, im Mittelpunkte der Stadt gelegen, in schönen und groſsen Stücken gefunden worden sein. Viel haüfiger, und vollkommen ausgewachsen, entdeckte ich sie im fossilen Zustande an der Panke.

17. Art:

H. nitidula Drap. Die fettglänzende Schnecke.

„*T. late umbilicata, globoso-depressa, sublaevis, superne rufescens, subtus albida, parum nitida; spira subelevata; anfr.* $4\frac{1}{2}$ *vix convexiusculi, ultimus antice dilatatus; apertura perobliqua, lunato-oblonga; peristoma simplex, acutum, margine supero antrorsum dilatato, columellari breviter arcuato.* L. Pf."

Polita nitidula Held. — *Oxychilus nitidulus* Fitz. — *Helicella nitidula* Beck. — *Zonites nitidulus* Gray. —

Das Gehaüs ist stark genabelt, gedrückt-rund, fast glatt, oben blaſsröthlich, unten weiſslich, wenig glänzend; das Gewinde ragt schwach hervor; von den fast 5 kaum gewölbten Umgängen ist der letzte vorn erweitert; die Mündung sehr schief, länglich mondförmig; der Mundsaum einfach, scharf, der Oberrand vorn ausgedehnt, der Spindelsaülenrand kurz gekrümmt. Höhe kaum 2‴, Durchmesser 4—5‴. — Das Thier gelblich grau.

Von der vorhergehenden unterscheidet sich diese Art auſser der geringeren Gröſse namentlich durch die mehr stielrunden Umgänge, von denen der letzte viel schwächer, als bei *H. cellaria* zusammengepreſst ist, und endlich durch die ins Braünliche übergehende Färbung.

Auffallend war es mir bei dieser Schnecke, davon in den mir zugänglichen Sammlungen niemals junge Stücke vorzufinden; und wiederum andererseits scheinen eben die jüngeren oft für *H. pura Alder (H. nitidosa Fér. Rossm.)* genommen zu werden, wovon sie sich allerdings, wie ich mich überzeügte, schwer unterscheiden lassen.

Ausgewachsene Stücke fand ich in hiesiger Gegend eben nicht haüfig.

18. Art:

H. nitida. Müll. Die glänzende Schnecke.

„*T. aperte umbilicata, globoso-depressa, striata, pellucida, fulvo-fusca, concolor, nitida; anfr. 5 convexiusculi, ultimus teres, circa umbilicum excavatus; apertura lunato-circularis; peristoma tenue, acutum, margine basali arcuato.* L. Pf."

Helix lucida Drap. Rossm. etc. — *H. succinea* Stud. — *H. Hammonis* Ström. — *H. nitescens* Andrz. — *Tanychlamys lucida* Bens. — *Helicella nitida* Beck. —

Das Gehaüs ist ziemlich weit genabelt, niedergedrückt-kuglig, gestreift, durchsichtig, gelbbraun, einfarbig, glänzend; von den 5 ziemlich gewölbten Umgängen ist der letzte rund, um den Nabel herum ausgehöhlt; die Mündung mondförmig-kreisrund; der Mundsaum dünn, scharf, am Unterrande etwas gekrümmt. — Höhe 2''', Durchmesser 3'''. — Das Thier von blaülich-schwarzer Farbe. Jüngere Stücke sind schwer von denen der vorigen Art zu unterscheiden, da bei ihnen die röthlichbraune Färbung noch nicht so entschieden hervortritt.

An vielen niedrig-sumpfigen Stellen hiesiger Gegend, aber grofse, ausgewachsene nicht allzu haüfig.

19. Art:

H. fulva Drap. Die rothgelbe Schnecke.

„*T. imperforata, turbinato-globosa, cornea, minutissime striatula, nitida; anfr. 6 convexi, angustissimi, ultimus basi convexiusculus; apertura depressa, lunaris; peristoma rectum, simplex, acutum,* L. Pf."

Helix trochiformis Montag. — *H. Trochulus* Dillw. — *H. chersina* Say. — *H. Mandralisci* Bivon. — *H. Mortoni* Jeffr. — *Conulus fulvus* Fitz. — *Polita fulva* Held. — *Petasia trochiformis* Beck. —

Das Gehaüs ist nicht durchbohrt (*vix perforata Rossm.*), kreiselförmig-kugelrund, hornfarben, sehr fein gestrichelt, glänzend; 6 gewölbte, sehr enge Umgänge, der letzte am Grunde etwas erhöht; die Mündung niedergedrückt-mondförmig; der Mundsaum grade, einfach und scharf. — Höhe 1''', Durchmesser bis $1\frac{1}{4}$'''. — Das Thier fast schwarz. —

Bei oberflächlicher Betrachtung gleicht dieser Art *H. umbilicata Montag.* (*H. rupestris autor.*); dieselbe ist jedoch deütlich genabelt, die Naht tiefer, ihre Mündung zugerundet, und ihr Vorkommen in den feüchten Spalten der Kalkgebirge.

An feüchter Borke und nassem Holze in der Nähe von See- und Flufsufern, aber nicht haüfig.

20. Art:

H. pygmaea Drap. Die Zwergschnecke.

„*T. aperte umbilicata, orbiculato-convexa, fuscula, minutissime striata, sericina; anfr. $3\frac{1}{2}$ subaequales, convexiusculi; apertura lunaris; perist. simplex, rectum, acutum.* L. Pf."

Helix minuta Stud. — *H. Kirbii* Shepp. — *Discus pygmaeus* Fitz. — *Patula p.* Held. — *Euryomphala p.* Beck. — *Zonites p.* Gray. —

Das Gehaüs ist weit genabelt, gewölbt-scheibenförmig, braünlich, sehr fein gestreift, seidenschimmernd; fast vier mäfsig gewölbte, kaum zunehmende Umgänge; die Mündung mondförmig; der Mundsaum einfach, grade und scharf. Höhe $\frac{1}{3}$ bis $\frac{1}{2}$''', Breite $\frac{3}{4}$—1'''.

Von jüngeren Stücken der *H. pulchella* unterscheidet sie sich fast nur durch die braünliche Farbe und deütlichere Streifung; von denen der *H. umbilicata Montag.* (*H. rupestris aut.*) durch gröfsere Flachheit und weiteren Nabel. Sehr junge Individuen der *Pupa muscorum* gleichen ihr, oberflächlich betrachtet, auch einigermafsen; haben jedoch eine enge Nabelöffnung, und der resp. letzte Umgang ist nach Aufsen scharfkantig oder fein gekielt.

Sie findet sich unter feüchter Rinde an morschen Stubben in Laubholzwaldungen, im Allgemeinen nicht haüfig, z. B. im Brieselang; zuweilen auch in Anschwemmungen.

21. Art:

H. crystallina Müll. Die Krystallschnecke.

„*T. perforata, depressa, vitrea, diaphana, glabra, nitidissima; anfr. 4—4½ planiusculi; apertura lunaris; perist. rectum, simplex.* L. Pf."

H. pellucida Penn. — *H. eburnea* Hartm. — *H. vitrea* Brown. — *Polita cr.* Held. — *Discus cr.* Fitz. — *Helicella cr.* Beck. — *Zonites cr.* Gray. —

Das Gehaüs ist durchbohrt, niedergedrückt, glasartig, durchscheinend, glatt, sehrglänzend; fast 5 ziemlich flache Umgänge; die Mündung mondförmig; der Mundsaum grade und einfach. Höhe ⅔''', Durchmesser bis 1½'''.

Des Thieres beraubte Gehaüse werden im Freien undurchsichtig, milchweifs, und verlieren fast allen Glanz (*H. eburnea* Hartm.).

Dieser Schnecke ähnelt *H. hyalina* Fér.; sie ist etwas gröfser, der Nabel ganz flach und die Mündung gedrückter mondförmig; sie soll sich an ähnlichen Orten aufhalten.

Im Brieselang ziemlich haüfig, namentlich unter alten Haselnufsstraüchern; auch hier und da in den Gärten Berlins.

4. Gattung:

Bulimus Scop. Vielfrafsschnecke.

Bulla aut. vet. — *Helix* (e. p.) Linn. — *Ena* Leach. — *Orbitina* Risso. — *Pythia* Oken. — *Bulimus* Stud.

„*Testa ovata, oblonga vel turrita; apertura longitudinalis marginibus inaequalibus, edentula vel dentata; columella integra, extrorsum revoluta vel subsimplex; perist. simplex vel expansum.* L. Pf." *Animal heliciforme.*

Das Gehaüs von Eiform, länglich oder thurmartig; die Mündung gestreckt mit ungleichen Rändern, zahnlos oder gezähnt; die Spindelsaüle ganz (— nicht abgestutzt wie bei *Achatina* —), nach Aufsen zurückgeschlagen oder fast einfach; der Mundsaum einfach oder ausgedehnt. — Das Thier von dem der Gattung *Helix* nicht verschieden.

1. Art:

B. obscurus Müll. Die dunkle Vielfrassschnecke.

„*T. rimata, ovato-oblonga, apice acutiuscula, nitidula, fusca, pellucida, oblique striata; anfr. 7 convexi, ultimus* ⅓ *longitudinis vix aequans; apertura rotundato-ovalis; peristoma albo-sublabiatum, expansum, margine columellari brevi, dilatato, patente.* L. Pf."

Helix obscura Müll. — *Bulimus hordeaceus* Brug. — *Turbo rupium* da Costa. — *Ena obscura* Leach. — *Merdigera obscura* Held. —

Das Gehaüs mit Nabelspalt versehen, länglich-eiförmig, oben zugespitzt, ziemlich glänzend, braun, durchsichtig, schief gestreift; sieben gewölbte Umgänge, der letzte ⅓ der Länge kaum erreichend; die Mündung zugerundet eiförmig; der Mundsaum etwas weifsgelippt, ausgebreitet, mit kurzem, erweitertem und umgeschlagenem Spindelsaülenrande. — Höhe 5—6''', Durchmesser 2'''. — Das Thier von grauschwarzer Farbe; sein Winterdeckel glänzend und durchsichtig.

Die hier und auch anderwärts vorkommenden Stücke, besonders die noch unausgewachsenen, sind fast immer mit einer Schmutzkruste überzogen (— daher *Merdigera o.* Held —), was davon herrühren soll, dafs sie ihren Winteraufenthalt in der Erde nehmen; warum aber sind andere Schneckenarten, die dasselbe thun, nicht ebenso überzogen?

An den glatten Stämmen der Rothbuche, im Thiergarten sehr selten, in den Papenbergen einzeln, im Brieselang nicht selten, in der märkischen Schweiz bei Bukow gemein; auch unter abgefallenen Blättern.

5. Gattung:

Achatina Lam. Achatschnecke.

Bulla (e. p.) Linn. — *Helix* (e. p.) Gmel. — *Buccinum* (e. p.) — Müll. — *Bulimus* (e. p.) Brug. — *Glandina* (e. p.) Schum. —

„*Testa imperforata, bulimiformis; columella intorta, versus basin aperturae truncata; apertura ovalis vel oblonga, superne angulata, peristoma simplex, acutum.* L. Pf." *Animal heliciforme.* —

Das Gehaüs ist nicht durchbohrt, von der Gestalt eines *Bulimus*; die Spindelsaüle ist eingerollt und nach dem Grunde der Mündung hin abgestutzt; die Mündung selbst ist eiförmig oder länglich, oben winklig; der Mundsaum einfach und scharf. — Das Thier wie das der Gattung *Helix.*

1. Art:

A. lubrica Müll. Die fettglänzende Achatschnecke.

„*T. ovato-oblonga, apice obtusiuscula, laevigata, lubrica, pellucida, cornea; anfr. 6 convexi, ultimus* $^2/_5$ *longitudinis subaequans, basi rotundatus; columella leviter arcuata, subcallosa, basi introrsum obsolete truncata; apertura ovali-elliptica; peristoma rectum, margine dextro plerumque callo tenui intus munito, subinflexo.* L. Pf."

Helix lubrica Müll. — *Bulimus lubricus* Brug. — *Cionella l.* Jeffr. — *Zua l.* Leach. — *Columna l.* Jan. — *Styloides l.* Fitz. — *Bulinus l.* Sow. —

Das Gehaüs eiförmig-länglich, mit etwas abgestumpfter Spitze, geglättet, fettglänzend, durchsichtig, hornfarben; sechs gewölbte Umgänge, der letzte $^2/_5$ der Länge erreichend, am Grunde abgerundet; die Spindelsaüle leicht gebogen, etwas schwielig, am Grunde inwendig unmerklich abgestutzt; die Mündung eiförmig-elliptisch; der Mundsaum grade, auf der rechten Seite meistentheils mit einer etwas nach innen gebogenen dünnen Schmelzwulst versehen, deren Farbe in der Regel blafsröthlich ist. — Das Thier von grünlichgrauer Farbe; sein Winterdeckel glänzend und durchsichtig.

In Betreff der Höhe und des Umfanges ist diese Art ziemlich veränderlich; mir sind folgende Formverschiedenheiten aus hiesiger Gegend bekannt:

a) Die Normalform, etwa 3''' hoch und 1''' im Durchmesser, findet sich im feüchten, humosen Boden der Wälder und Gärten haüfig, auch fossil an der Panke. In Höhe und Dicke etwas unbeständig.

b) Sehr schlank, etwa 2''' hoch und kaum $^2/_3$''' im Durchmesser, mit höchstens $5^1/_2$ Umgang; einmal gefunden. (Vielleicht *Achatina lubricoides* Mich.?)

c) Dick, von dunkelbrauner Farbe, 3''' hoch und fast $1^1/_2$''' im Durchmesser; mehrere Stücke aus dem Schlofsgarten zu Friedrichsfelde, aber nur eins, welches beinah vollständig ausgewachsen ist.

d) Fast doppelt so grofs, wie die Form a, und von ähnlichen Umrissen; schön glänzend mit deütlich hervortretendem, blafsröthlichem Mundsaume; reichlich 5''' hoch und $1^1/_4$''' im Durchmesser; mehrere Stücke von den Herren Gebrüdern Bichlié, angeblich an Grabenrändern, und eins von mir in Berlins Umgegend gefunden. (*Achatina nitens* Kokeil. — *Bulimus nitens* Schmidt. —)

Eine andere, zu dieser Gattung gehörige Art, *A. Acicula* Müll., dürfte in der Mark wohl noch entdeckt werden; sie lebt 1—$1^1/_2$. Fufs tief in der Erde, an feüchten Baumstubben und Pfählen; ihr Gehaüs ist nadelförmig zugespitzt, etwa $2^1/_2$''' lang, $^1/_2$''' im Durchmesser, und von weifslicher Farbe.

6. Gattung:

Pupa Drap. Puppenschnecke.

Turbo Linn. Gmel. — *Helix et Vertigo* Müll. — *Bulimus* Brug. — *Cochlodonta, Cochlogena, Cochlostyla* Fér. — *Jaminia* Risso. — *Otala* (e. p.) Schum. — *Pupilla, Alaea, Torquilla,* Beck. — *Cylindrus, Dontostoma,* Hartm. — etc.

„*Testa rimata vel perforata, cylindrica, ovata vel bulimiformis; apertura subregularis, semiovalis vel subrotundata, edentula vel dentata; peristoma subsimplex vel expansum marginibus aequalibus, subparallelis, distantibus, plerumque lamina callosa 'iunctis.* L. Pf."

Das Gehaüs ist geritzt oder durchbohrt, stielrund, ei- oder Bulimus-förmig; die Mündung fast regelmäfsig, halbeirund oder beinah kreisrund, zahnlos oder gezähnt; der Mundsaum entweder beinah einfach oder ausgebreitet, mit gleichen, fast parallelen, abstehenden und meist durch eine Schmelzplatte verbundenen Rändern. — Das Thier gleicht dem der Gattung *Helix*, nur sind die unteren Fühler sehr verkürzt.

* * *

Die Falten oder Zähnchen, welche sich in der Mündung vieler Arten vorfinden, werden, ihrer Stellung nach, von Ludw. Pfeiffer folgendermafsen benannt:

1) ***Plicae*** (*vel dentes*) ***parietales***, diejenigen Falten, welche auf der Wölbung des letzten Umganges stehen.
2) ***Plica angularis***, die oft gar nicht vorhanden, sonst aber im Winkel der Anheftung des Randes entstehend, mehr oder weniger schief auf die Mündungswand hinzieht.
3) ***Plicae columellares***, auf der Spindelsaüle stehende Falten.
4) ***Plicae palatales***, Gaumenfalten, auf der, der Mündung gegenüberliegenden Innenwand des letzten Umganges befindlich, und aüfserlich als längere oder kürzere weifsliche Linien durchschimmernd.

* * *

a) ***Pupae genuinae.***

1. Art:

P. muscorum Linn. Moos - Puppenschnecke.

„*T. breviter et profunde rimata, ovato-cylindrica, sublaevigata, corneo-fusca, nitidula, apice obtusa; anfr. 6—7 convexiusculi, ultimus* $^1/_3$ *longitudinis paulo superans; apertura subsemicircularis; paries aperturalis edentulus vel denticulo obtuso, raro 2 obsoletis munitus; peristoma subsimplex, extus pone aperturam callo albido cinctum.* L. Pf."

Turbo muscorum Linn. — *Helix m.* Müll. — *Bulimus m.* Brug. — *Pupa marginata* Drap. — *P. uni-et bidentata* C. Pf. — *Pupilla marginata* Leach. — *Jaminia marginata* Risso. —

Das Gehaüs ist mit einem kurzen, aber tiefen Nabelspalt versehen, eiförmig-stielrund, fast geglättet (— bei zehnfacher

Vergröſserung fein gestreift —) hornbraun, schwach glänzend, mit zugestumpfter Spitze; 6—7 mäſsig gewölbte Umgänge, der letzte 1/3 der Länge wenig überschreitend; die Mündung fast halbkreisförmig; die Mündungswand entweder zahnlos oder mit einem abgestumpften, selten mit zwei unscheinbaren Zähnchen versehen; der Mundsaum fast einfach, auſsen nahe der Mündung mit einer weiſslichen Schmelzwulst umgeben. Höhe 1½—2‴, Durchmesser 5/6—1‴.

Stücke mit zwei Zähnchen in der Mündung habe ich hierorts noch nicht gefunden.

Sehr haüfig in Anschwemmungen der Flüsse und Seen, unter feüchten Steinen, an Grabenrändern; innerhalb Berlins am Fuſse der Stadtmauer aüſserst zahlreich; auch fossil an der Panke.

2. Art:

P. minutissima Hartm. Die winzig-kleine P.

„*T. profunde rimata, cylindrica, obtusa, eleganter et confertim striata, tenuis, pellucida, cornea; anfr. 5—6 convexi, ultimus* 1/3 *longitudinis fere aequans; apertura oblongo-subcircularis, edentula; peristoma reflexiusculum, margine dextro superne arcuato.* L. Pf."

> *Vertigo cylindrica* Fér. — *V. muscorum* Mich. — *V. Pupula* Held. — *V. minutissima* Graells. — *Alaea m.* Beck. — *Eruca muscorum* Swains. — *Stomodonta musc.* Mermet. —

Das Gehaüs mit tiefem Nabelspalt, stielrund, abgestumpft, fein und dicht gestreift, dünnschalig, durchsichtig, hornfarben; 5—6 gewölbte Umgänge, der letzte 1/3 der Länge beinah erreichend; die Mündung etwas länglichrund, zahnlos; der Mundsaum schmal umgebogen, der rechte Rand oben gekrümmt. Höhe ¾‴, Durchmesser ¼‴. — Das Thier von grünlichgrauer Farbe.

Innerhalb Berlins am Fuſse der Stadtmauer zwischen dem Schlesischen und Cotbusser Thore nicht selten, aber mühsam zu suchen; die allermeist leeren Gehaüse liegen daselbst vermischt mit *Pupa muscorum*, *Helix costata*, *Achatina lubrica*,

Vitrina pellucida und einigen anderen Arten, in lockerer, spärlich mit Gras bewachsener Erde. Die Herrn Gebrüder Bichlié fanden sie auch im Dorfe Britz bei Berlin.

3. Art:

P. edentula Drap. Die zahnlose Puppenschnecke.

„*T. subperforata, cylindrico-ovata, cornea, nitida, laevis; sutura mediocris; anfr. 5—6 convexiusculi, ultimus* $\frac{1}{4}$ *longitudinis paulo superans; apertura semiovalis, edentula; perist. seiunctum, rectum, acutum, simplex.* L. Pf."

Vertigo nitida Fér. — *Helix exigua et Vertigo edentula* Stud. — *V. lepidula* Held. — *Jaminia edentula* Risso. — *Alaea nitida Jeffr.* —

Das Gehaüs kaum durchbohrt, stielrund-eiförmig, hornfarben, glänzend, glatt; die Naht mittelmäfsig; 5—6 schwach gewölbte Umgänge, der letzte $\frac{1}{4}$ der Länge wenig überschreitend; die Mündung halbeiförmig, zahnlos; der Mundsaum grade, scharf und einfach, mit von einander sich entfernenden Rändern. — Höhe $1\frac{1}{4}'''$, Durchmesser stark $\frac{1}{2}'''$.

Der Form nach ähnelt diese Schnecke im Baue ihres Gehaüses der *P. muscorum*; dasselbe ist jedoch schlanker, mehr hell hornfarben, und erhält durch das etwas wulstige Hervortreten des letzten Umganges, ein sogleich in die Augen fallendes, eigenthümliches Ansehen.

Mehrere Stücke wurden von den Hrn. Gebrüdern Bichlié, ihrer Versicherung nach, in der Gegend von Friedrichsfelde bei Berlin gefunden.

b) *Vertigo* Müll. *et autor. plurim.*

4. Art:

P. Antivertigo Drap. Die siebenzähnige P.

„*T. rimata, ovata, laevigata, splendida, castaneo-fulva; spira subconica, obtusiuscula; anfr. 5 planiusculi, penultimus convexior, ultimus pone aperturam tumidus, subcristatus, extus impressus; apertura oblique subcordata, 7 dentata; dentibus parietalibus 2, columellaribus 3, palatalibus 2 sublamellifor-*

mibus; perist. vix expansiusculum, marginibus callo tenui iunctis, dextro angulatim producto. L. Pf."

Turbo 6*dentatus* Mont. — *Vertigo* 7*dentata* Fér. — *V.* 8*dentata* Stud. — *Pupa* 8*dentata* Hartm. — *P.* 6*dentata* Flem. — *Vertigo* 6*dentata* C. Pf. — *V. Antivertigo* Mich. — *V. palustris* Leach. —

Das Gehaüs mit einem Nabelspalt versehen, eiförmig, geglättet (— bei 10facher Vergröfserung fein gestreift —) glänzend, kastanienbraun, mit fast kegelförmigem, etwas abgestumpftem Gewinde; von den 5 ziemlich flachen Umgängen ist der vorletzte gewölbter, der letzte nahe der Naht aufgeschwollen, beinah kammartig, aufsen eingedrückt; die Mündung schief herzförmig, siebenzähnig; 2 oben, 3 auf der Spindelsaülen- und 2 auf der Rückenwand, welche letzteren plattenförmig sind; der Mundsaum kaum etwas aufgetrieben, seine Ränder durch eine dünne Schmelzschicht verbunden, der rechte winklig vorgestreckt. — Höhe kaum $^7/_8$''', Durchmesser $^1/_2$'''. — Das Thier ist von blaülich-schwarzer Farbe und bildet sich einen glasartig durchsichtigen Winterdeckel.

An feüchten Steinen, Mauern und in Anschwemmungen bisweilen sehr haüfig.

5. Art:

P. pygmaea Drap. Die Zwerg-Puppenschnecke.

„*T. subperforata, cylindraceo-ovata, laevigata, nitida, fulva; spira sensim attenuata, apice obtusa; anfr.* 5 *convexiusculi, ultimus antice tumido-subcristatus; apertura semiovalis,* 5*dentata; dente parietali* 1, *columellaribus* 2 (*altero minimo*), *palatalibus* 2; *peristoma albidum, expansum, marginibus callo tenui iunctis.* L. Pf."

Vertigo pygmaea Fér. — *V. alpestris* Fér. (*Forma magis cylindrica et leviter striata, teste* L. Pf. — *V.* 4 *et* 5 *dentata* Stud. — *Alaea vulgaris* Jeffr. —

Das Gehaüs kaum durchbohrt, stielrund eiförmig, geglättet, glänzend, braungelb; das Gewinde allmählig verengert, mit stumpfer Spitze; 5 ziemlich gewölbte Umgänge, der letzte vorn aufgetrieben-kammartig; die Mündung halbeirund, fünfzähnig; 1 oben, 2, von denen einer sehr klein, auf der Spindelsaülenwand, und 2 im Hintergrunde; der Mundsaum weifslich, ausgebreitet, mit durch dünne Schmelzschicht verbundenen Rändern. Jn Höhe und Durchmesser kaum verschieden von der vorigen Art, nur ganz wenig schlanker, aufserdem etwas hellbrauner.

Mit der vorhergehenden an denselben Orten, auch innerhalb Berlins am Fufse der Stadtmauer, im Allgemeinen nicht selten.

6. Art:

P. pusilla Müll. Die Sandkorn - Puppenschnecke.

„*T. sinistrorsa, subperforata, ovata, subtilissime striatula, nitida, pellucida, corneo-lutea; spira sensim attenuata, obtusiuscula; anfr. 5 parum convexi, ultimus basi compressus, latere subtiliter scrobiculatus; apertura semiovalis, 6 dentata: dentibus 2 parietalibus, 2 columellaribus acutis, 2 palatalibus e callo transverso exeuntibus; perist. tenue, vix reflexiusculum.* L. Pf."

Helix Vertigo Gmel. — *Vertigo pusilla* Müll. — *Pupa Vertigo* Drap. —

Das Gehaüs links gewunden, kaum durchbohrt, eiförmig, sehr fein gestrichelt, glänzend, durchsichtig, horngelb; das Gewinde allmählig verengert und etwas abgestumpft; 5 wenig gewölbte Umgänge, der letzte am Grunde zusammengeprefst, daneben mit seichten Grübchen; die Mündung halbeirund, sechszähnig: 2 oben, 2 spitzige auf der Spindelsaülen- und 2 aus einer Querschwiele entspringende auf der Rückenwand; der Mundsaum dünn und kaum etwas umgeschlagen. — Noch schlanker als die vorige Art und wenig niedriger, auch mehr gelblich. —

In Anschwemmungen auf Wiesen, zugleich mit den anderen Arten, aber stets viel seltener.

7. Art:

P. Venetzii Charp. Venetz's Puppenschnecke.

„*T. sinistrorsa, subrimata, ovata, striata, fulva; spira superne conica, obtusiuscula; anfr.* $4\frac{1}{2}$—*5 vix convexiusculi, ultimus basi compresso-gibbus, latere sulcatus; apertura subcordato-triangularis, 4 dentata: dentibus 2 parietalibus, 1 columellari, obliquo (lamellae Clausiliarum inferae simili), 1 plicaeformi elongato palatali; perist. reflexiusculum, margine sinistro angulatim producto.* L. Pf."

Vertigo Venetzii Charp. — *V. hamata* Held. — *V. plicata* A. Müll. — *V. angustior* Jeffr. —

Das Gehaüs links gewunden, mit fast unmerklichem Nabelspalt, eiförmig, gestreift, braünlichgelb; das Gewinde oben kegelförmig, etwas stumpf; $4\frac{1}{2}$—5 kaum etwas gewölbte Umgänge, der letzte am Grunde zusammengeprefst-höckrig, daneben eine kleine Furche; die Mündung fast herzförmig-dreieckig, vierzähnig: 2 oben, 1 auf der Spindelsaülen- (— dieser schief, der unteren Falte der Clausilien ähnelnd —) und ein faltenförmiger, verlängerter auf der Rückenwand; der Mundsaum etwas umgeschlagen, der linke Rand winklig vorgestreckt.

Von den hiesigen die kleinste Art, kaum $\frac{2}{3}'''$ hoch und $\frac{1}{3}'''$ im Durchmesser; findet sich mit den übrigen in Wiesen-Anschwemmungen, aber, wenigstens hierorts, aüfserst selten.

7. Gattung:

Clausilia Drap. Schliefsmundschnecke.

Turbo autor. veter. — *Helix* Linn. Müll. — *Bulimus* Brug. — *Cochlodina* (e. p.) Fér. — *Volvulus* Oken.

„*Testa fusiformis, plerumque sinistrorsa; apertura elliptica vel piriformis, semper lamellis 2 parietis aperturalis coarctata et clausilio in fundo clausa.* L. Pf." — *Animal heliciforme, gracile.* —

Das Gehaüs spindelförmig, meist links gewunden; die Mündung elliptisch oder birnförmig, oben immer durch zwei Platten verengert und im Hintergrunde durch ein Schliefsorgan abgesperrt. — Das Thier nicht verschieden von dem der Gattung *Helix*, aber von schlankem Wuchse. —

* * *

Zur Unterscheidung der Arten sind aufser den Umrissen und den Verschiedenheiten der Oberfläche des Gehaüses, vorzugsweise die Anordnung, Gegenwart oder beziehungsweise Mangel der verschiedenen faltenartigen Zähnchen in der Mündung desselben, geeignet; von Rossmässler schon 1836 in folgender Weise benannt und eingetheilt, und seitdem allgemein angenommen. Diese Gesetze lauten möglichst wortgetreü nach L. Pfeiffer's *Monogr. Heliceor. vivent.* also:

1) *Lamellae*, Platten, meist 2, welche sich zu einander neigen, bisweilen unvollständig sind, nie aber gänzlich fehlen, und zwar:
   a) *supera*, eine obere, neben der Lippe, = *plica parietalis Cantraine;*
   b) *infera*, eine untere, auf der Mitte des Spindelsaülenrandes an der Mündung, = *plica columellaris Cantr.*
2) *Lunella*, *s. plica lunata*, Mondfalte, aufsen durch einen weifslichen Schimmer angedeütet, auf der, der Mündung gegenüberstehenden Innenseite des letzten Umgangs befindlich.
3) *Plicae palatales*, Gaumenfalten, selten ganz fehlend, und zwar:
   a) *superae*, obere, mit der Naht parallellaufend, eine oder mehrere, = *plicae suturales Cantr.*;
   b) *inferae*, untere, schräg herabsteigend, oft hervortretend, = *plicae basilares Cantr.*
4) *Plica columellaris Cantr.* Spindelsaülenfalte, umgiebt oder umschreitet die Spindelsaüle, und fehlt vielleicht niemals, aber oft ist sie hinter der *lamella infera* versteckt, öfter noch tritt sie unter dieser hervor = *plica columellaris Rossm.*

* * *

1. Art:

Cl. laminata Montag. Die Platten-Schl.

„*T. minutissime rimata, fusiformis, glabriuscula, fusco-cornea vel corneo-rufa; spira turrita, apice obtusiuscula; anfr. 10—11 vix convexiusculi, ultimus antice striatus, iuxta rimam subtuberculatus; apertura ovali-piriformis; lamella supera minuta, infera valida; lunella nulla; plicae palatales sub 4 (prima et tertia longiores), subcolumellaris emersa; peristoma connexum, album, limbatum, superne subangulosum; palatum oblique callosum.* L. Pf."

Turbo laminatus Montag. — *Helix bidens* Müll. (?) — *Cochlodina derugata* Fér. — *Clausilia bidens* Drap. Rossm. etc. — *Cl. lamellata* Leach. — *Cl. laminata* Turt. —

Das Gehaüs hat einen sehr engen Nabelritz, ist spindelförmig, ziemlich glatt, hornbraun oder hornrothbraun; das Gewinde thurmförmig, mit ziemlich stumpfer Spitze; 10—11 kaum gewölbte Umgänge, der letzte vorn gestreift, und neben dem Nabelspalt etwas höckrig; die Mündung rundlich-birnförmig; die obere Platte ist klein, die untere kräftig; keine Mondfalte; Gaumenfalten beinah 4 (die erste und dritte länger), die auf der Spindel hervorragend; der Mundsaum zusammenhangend, weifs gerandet, oben fast winklig; der Gaumen ist schief schwielig. — Höhe bis 10''', Durchmesser bis 1½'''. — Das Thier von schwarzer Farbe. —

Das Schliefsorgan (*Clausilium*) bildet eine unten breite, stumpf zweihörnige Platte von milchweifser Farbe, die nach oben zusammengefaltet, als eine der Länge nach offene, enge Röhre, um die Spindelsaüle gewunden verläuft.

An und unter Rothbuchen: nicht haüfig im Brieselang, sehr gemein bei Bukow in der märkischen Schweiz; fossil, aber selten an der Panke.

2. Art:

Cl. nigricans Pulten. Die schwärzliche Schl.

„*T. vix rimata, cylindraceo-fusiformis, solida, subtilissime striato-costulata, sericina, nigricanti-castanea, plerumque albido-*

strigillata; spira sensim attenuata, apice acutiuscula; anfr. 10—11 convexiusculi, ultimus basi subsulcatus, breviter cristatus; apertura piriformis, magis minusve oblonga, saepe basi subcanaliculata; lamella supera marginalis, infera introrsum bifurcata vel ramosa; lunella distincta; plica palatalis una supera, altera e callo palatali transverso exiens (saepe obsoleta), subcolumellaris emersa; peristom. continuum, breviter solutum, reflexiusculum. L. Pf."

Turbo nigricans Pulten. — *Clausilia dubia* Drap. — *Cl. rugosa* C. Pf. — *Cl. obtusa* Rossm. — *Andraea dubia* Hartm. —

β) *Lamella infera distincte cruciatim biramosa.*
Cl. cruciata Stud. — *Cl. plicatula β* Hartm. —

γ) *Maior, lineis impressis, confertis distincte reticulata.*
Cl. undulata Parr. —

δ) *Maior, remotius striata.*
Cl. roscida Stud. — *Cl. plicatula δ* Hartm. —

ε) *Gracilior.*
Cl. rugulosa Ziegl. —

ζ) *Minor.*
Turbo Everetti Mill. —

η) *Peristomate superne subappresso.*
Cl. obtusa C. Pf. —

ϑ) *Albina, virenti-hyalina.* (*Rarissima.*)

(Diese vielfachen Abweichungen, welche L. Pfeiffer in seiner *Monogr. Heliceor. vivent.* namhaft macht, habe ich, obwohl bei uns nur die Form α vorkommt, in der Absicht hier beigefügt, um Anfänger auf die grofse Veränderlichkeit dieser Art aufmerksam zu machen.)

Das Gehaüs mit einem fast unmerklichen Nabelspalt, stielrund-spindelförmig, dickschalig, sehr fein streifenartig-gerippt, seidenglänzend, schwärzlich-kastanienbraun, meist weifslich gestrichelt; das Gewinde allmählig verengert, ziemlich zugespitzt; 10—11 mäfsig gewölbte Umgänge, der letzte am Grunde fast furchig, kurz kammartig; die Mündung birnförmig, mehr oder weniger länglich, oft unten fast rinnenartig; die obere Platte geht in den Mündungsrand über, die untere ist nach Innen doppelt gabelförmig oder ästig; die Mondfalte deütlich; eine obere Gaumenfalte und eine andere aus einer Gaumen-Querschwiele hervorkommend (oft undeütlich); die auf der Spindelsaüle sichtbar vorspringend; der Mundsaum zusammenhangend, kurz abgelöst, schwach umgeschlagen. — Höhe (der hiesigen) bis 7‴, Durchmesser 1—1¼‴. — Das Thier von blaülich-schwarzer Farbe.

Das Schliefsorgan ist unten abgestutzt, und verläuft einfach und scharf nach oben um die Spindelsaüle.

Bisher in Berlins Umkreis nur im Brieselang, theils an Rothbuchen, theils unter feüchter, faulender Baumrinde gefunden; sie ist dort haüfiger, als die vorige Art.

3. Familie:

Auriculacea, Ohrschnecken.

Von der vorhergehenden Familie hauptsächlich dadurch abweichend, dafs nur zwei Fühler vorhanden, und die Augen an deren Grunde befindlich sind, aufserdem leben sie nur an sehr feüchten Orten, meist unmittelbar in der Nähe der Gewässer.

1. Gattung:

Auricula Drap. Ohrschnecke.

Carychium Müll. — *Bulimus* (e. p.) Brug. — *Helix* (e. p.) Gmel. —

Testa dextrorsa, subturrita; apertura oblonga, plerumque plicis vel denticulis; peristoma expanso-reflexum. — Animal tentaculis duobus brevibus, subclavatis vel cylindraceis, postice basi oculiferis.

Das Gehaüs rechts gewunden, etwas thurmartig; die Mündung länglichrund, meist mit Falten oder Zähnchen; der Mundsaum aufgetrieben und umgeschlagen. — Das Thier mit zwei kurzen Fühlern, die entweder keülenartig oder stielrund, und am Grunde nach hinten mit Augen versehen sind.

1. Art:

A. minima Müll. Die kleinste Ohrschnecke.

T. subrimata, parum elongata, ovata, albo-hyalina, nitida, striatula; anfr. 4—5 convexiusculi, ultimus dilatatus; spira conica; apertura oblique ovata, inaequilatera, pariete dextra et columellari unidenticulata, aperturali antice plicula clavata; peristom. subtrisinuatum, reflexum, subtiliter labiatum.

Helix Carychium Gmel. — *Carychium minimum* Müll. — *Bulimus minimus* Brug. —

Das Gehaüs mit einem kaum merklichen Nabelspalt, wenig gestreckt, eiförmig, weifslich durchscheinend, glänzend, gestrichelt; 4—5 kaum gewölbte Umgänge, der letzte erweitert; das Gewinde kegelförmig; die Mündung schief eirund, ungleichseitig, die rechte und die Spindelsaülenwand mit einem Zähnchen, oben nach vorn eine kleine erhabene Falte; der Mundsaum gleichsam dreibuchtig, zurückgeschlagen und zart gelippt. — Höhe bis 1''', Durchmesser bis fast ½'''. — Das Thier ist im Leben wässrig-durchsichtig, nach dem Tode gelblich.

Leere Gehaüse, wie z. B. auf den grofsen Wiesen bei Nauen, namentlich an Maulwurfshügeln, nicht selten herumliegen, haben fast immer einen Umgang weniger, als die in Anschwemmungen und an feüchten Gegenständen in der Nähe der Spree, des Tegler-Sees, der Havelseen etc. gefunden werden.

4. Familie:

Limnaeacea, Wasserschnecken (ohne Deckel).

Die Augen am Grunde der zwei Fühler, welche entweder dünn und borstenförmig, oder unten breit und oben zugespitzt sind; das Gehaüs eirund, scheiben- oder thurmförmig. Leben blofs im Wasser und können aufserhalb desselben, mit geringer Ausnahme, nur kurze Zeit bestehen.

1. Gattung:

Physa Drap. Blasenschnecke.

Bulla (e. p.) Linn. — *Planorbis* (e. p.) Müll. — *Bulimus* (e. p.) Brug. —

Testa tenuis, sinistrorsa, acuta vel ovata; columella sinuosa. — Animal crassiusculum, tentaculis gracilibus, intus basi oculiferis.

Das Gehaüs dünnschalig, linksgewunden, zugespitzt oder eiförmig; die Spindelsaüle buchtig. — Das Thier ziemlich dick, mit schlanken, unten nach innen Augen tragenden Fühlern.

1. Art:

Ph. fontinalis Linn. Die Quellen-Blasenschnecke.

T. obtuse ovata, brevispira, tenuis, striatula, nitida, pellucida, lutescenti-cornea; anfr. 4, ultimus fortissime ampliatus; apertura oblonga, inaequilatera, superne acutata, inferne rotundato-sinuata; perist. acutum, columellam versus callose subreflexiusculum.

Bulla fontinalis Linn. — *Bulla rivalis* da Costa. — *Physa f.* Drap. —

Das Gehaüs von stumpfer Eiform, mit kurzem Gewinde, dünnschalig, gestrichelt, glänzend, durchsichtig, gelblich hornfarben; 4 Umgänge, der letzte sehr stark vergröſsert; die Mündung ungleichseitig, länglich, oben zugespitzt, unten zugerundet-buchtig; der Mundsaum scharf, nach der Spindelsaüle hin etwas schwielig zurückgeschlagen. — Höhe bis 6‴, Durchmesser bis $3\frac{1}{2}$‴. — Das Thier grünlich-grau, gefleckt.

Haüfig, aber selten groſse Stücke, in den Gräben des Thiergartens; sehr schön und kräftig im Tegler-See und in den Havelseen bei Pichelsberg.

2. Art:

Ph. Hypnorum Linn. Die Astmoos-Blasenschnecke.

T. elongato-ovata, acutispira, tenuis, substriatula, nitidissima, pellucida, lutescenti-cornea; anfr. 6 celeriter accrescentes, ultimus forte ampliatus; apertura ovali-acuta, inaequi-

latera; perist. acutum, margine columellari reflexiuscul , rufescenti-albo, calloso.

Bulla Hypnorum Linn. — *Physa H.* Drap. —

Das Gehaüs ist verlängert-eiförmig, mit spitzigem Gewinde, dünnschalig, sehr fein gestrichelt, aufserordentlich glänzend, durchsichtig, gelblich-hornfarben; 6 schnell zunehmende Umgänge, der letzte stark vergröfsert; die Mündung spitzeiförmig, ungleichseitig; der Mundsaum scharf, sein Spindelsaülenrand etwas zurückgeschlagen und röthlichweifs-schwielig. — Höhe bis 9''', Durchmesser bis 2½'''. — Das Thier grauschwarz, ungefleckt.

In flachen Gräben bisweilen sehr haüfig, z. B. in der Jungfernheide, bei Nieder-Schönhausen, im Brieselang etc. Oft findet man in den ausgetrockneten Gräben die leeren Gehaüse rein und grofs zwischen faulenden Blättern.

2. Gattung:

Amphipeplea Nilss. Mantelschnecke.

Buccinum Müll. — *Limnaeus* Drap. —

Testa ovali-rotunda, fragilissima. „Animal crassum, breve, velo os tegente antice subrotundato; tentaculis duobus brevibus, triangularibus, compressis, basi antice oculiferis; pede ovato, oblongo, postice rotundato; pallio largissimo, testam involvente. Nilss."

Das Gehaüs eiförmig-rund, sehr zerbrechlich. — Das Thier dick und kurz; der das Maul bedeckende Lappen vorn zugerundet; zwei kurze, zusammengeprefste, dreieckige, unten nach vorn mit Augen versehene Fühler; der Fufs länglicheiförmig, hinten abgerundet; der Mantel sehr breit und das Gehaüs umhüllend.

1. Art:

A. glutinosa Müll. Die klebrige Mantelschnecke.

T. imperforata, subglobosa, paucispira, tenerrima, nitida, striatula, pellucida, dilute cornea; spira vix prominula; 3½ anfr., ultimus celerrime accrescens, ampullaceo-dilatatus; aper-

tura inaequilatera, late oblongo-ovata, superne acutata, inferne rotundata; *perist. acutum*, *marginibus callo late profuso iunctis, columellari reflexiusculo.*

Buccinum glutinosum Müll. — *Limnaeus gl.* Drap. —

Das Gehaüs nicht durchbohrt, kuglig, mit wenigen Umgängen, sehr dünnschalig, glänzend, durchsichtig, hell hornfarben; das Gewinde kaum hervorragend; drei und einen halben Umgang, der letzte sehr schnell zunehmend, blasenartig erweitert; die Mündung ungleichseitig, breit länglich-eiförmig, oben spitz, unten zugerundet; der Mundsaum scharf, mit durch breit ergossenen (dünnen) Schmelz verbundenen Rändern, nahe der Spindel etwas zurückgeschlagen. Höhe bis 10''', Durchmesser $8^1/_2$'''. — Das Thier gelblich grau, oben schwarz mit gelblichen Flecken.

Nicht selten im Tegler-See, an dessen Ufer die leeren Gehaüse stellenweis herumliegen, jedoch beinah nur im Frühjahre; später werden sie wahrscheinlich zertrümmert; vom Prof. Troschel auch in der Nähe des Rummelsburger-Sees gefunden.

3. Gattung:

Limnaeus Drap. Schlammschnecke.

Helix Linn. — *Buccinum* Müll. — *Limnaea* Lam. — *Neritostoma* Klein. — *Stagnicola et Gulnaria.* Leach. —

„*Testa plerumque rimata, ovata seu ovato-elongata; spira acuta, interdum turrita*; *apertura longitudinali, acute ovata*; *peristomate replicatione lamellae columellaris quodammodo continuo, simplici; columella flexuosa seu plicata. — Animal crassiusculum, velo os tegente antice emarginato; tentaculis duobus contractilibus, compressis, triangularibus, basi intus oculiferis; pede cuneiformi, antice truncato, postice acute rotundato; pallio incluso.* Rossm."

Das Gehaüs meist mit einem Nabelspalt versehen, eiförmig, oder verlängert eirund; das Gewinde spitz, zuweilen thurmförmig; die Mündung langgestreckt, zugespitzt eirund; der Mundsaum gleichsam durch Erweiterung der Spindelsaülenfalte zusammenhangend; die Spindelsaüle selbst hin und her gebogen oder gefaltet. — Das Thier gleicht ganz dem der Gattung *Amphipeplea*, nur pflegt es seinen Mantel nicht aufsen um die Schale zu schlagen, und der das Maul bedeckende Hautlappen ist vorn ausgerandet.

a) Das Gehaüs mit gestrecktem, thurmartigem Gewinde.

1. Art:

L. stagnalis Linn. Die Sumpf-Schlammschnecke.

T. imperforata, acute elongato-ovata, diaphana, striata, nitidula, albo-carneo (raro carneo-purpurascens); anfr. 7 celeriter accrescentes, primi convexiusculi, ultimus elongato-ventricosus, omnes ad suturam albescentes; apertura inaequilatera, oblique rotundato-sublunata; perist. acutum, subreflexiusculum, marginibus callo lato, tenui, iunctis.

Helix stagnalis Linn. — *Buccinum st.* Müll. — *Bulimus st.* Brug. — *Stagnicola vulgaris* Leach. —

Das Gehaüs nicht durchbohrt, spitz verlängert-eiförmig, durchscheinend, gestreift, ziemlich glänzend, weifs-fleischfarben (selten fleischroth); sieben schnell zunehmende Umgänge, die ersten schwach gewölbt, der letzte verlängert bauchig, alle an der Naht weifslich; die Mündung ungleichseitig, schief zugerundet mondförmig; der Mundsaum scharf, sehr schwach zurückgebogen, mit durch breiten aber dünnen Schmelz verbundenen Rändern. — Die Höhe grofser Stücke hiesiger Gegend beträgt an 36''', der Durchmesser 15'''. — Das Thier grünlichgrau, mehr oder weniger gefleckt.

Je nach ihrem Aufenthalte ändert diese Art in Höhe und Dicke nicht unbedeütend ab, auch kommen monströse Formen vor. Ich besitze ein sehr schlankes, pfriemförmig zugespitztes Stück, woran die ersten Umgänge fast flach, der letzte aber kaum bauchig zu nennen ist. Hier und da, z. B. im Rummelsburger-See, findet man zuweilen dunkel rosenrothe, und der Herr Geheimrath Albers besitzt ein derartig gefärbtes Stück, auf dessen Umgängen sich vier, gleichsam schraffirte

Längsbinden befinden. Stücke aus der Gegend von Rom sind beinah doppelt so grofs, als die unsrigen.

In fliefsenden und stehenden Wassern, in letzteren öfters von ansehnlichem Umfange.

2. Art:

L. fragilis Linn. Die zerbrechliche Schlammschn.

T. imperforata, elongato-ventricosa, tenuiter cicatrisato-striata, sericina, opaca, corneo-fusca; spira subconica vel turrita; anfr. 6—7, primi subdeplanati, ultimus elongato-dilatatus; apertura inaequilatera, oblongo-sublunata, intus saepe violacea, fusco-fasciata; perist. acutum, marginibus callo tenui iunctis, columellari parum reflexiusculo.

Helix fragilis Linn. — *Helix Corvus* Gmel. — *Limnaeus palustris* Drap. — *Stagnicola communis* Leach. —

β) *Junior, testa sublaevi, pallide fusca.*

Limnaeus fuscus C. Pf. —

Das Gehaüs nicht durchbohrt, verlängert-bauchig, sehr fein gitterförmig gestreift (— stets wenigstens die ersten Umgänge, während der letzte, namentlich bei älteren Stücken, kleine reihenförmig gestellte, runzliche, gleichsam viereckige Felder zeigt —), seidenschimmernd (— ebenfalls nur die ersten Windungen —), undurchsichtig, hornbraun; das Gewinde entweder kegelartig oder thurmförmig; 6—7 Umgänge, die ersten fast abgeflacht, der letzte verlängert-ausgeweitet; die Mündung ungleichseitig, beinah länglich-mondförmig, inwendig oft violett und mit braunen Querbinden; der Mundsaum scharf, mit durch dünnen Schmelz verbundenen Rändern und schwach umgeschlagenem Spindelsaülenrande. — Höhe bis 28‴, Breite bis 10‴. — Das Thier blaülich schwarz.

In Gröfse und Form des Gehaüses und Beschaffenheit seiner Oberfläche sehr veränderlich, selten jedoch ohne braune Querbinden innerhalb der Mündung. Jüngere, glatte, hellbraune und mehr schlanke Individuen sind C. Pfeiffer's *L. fuscus*, der indessen oftmals nicht zu verkennende Uebergänge zu der Normalform bildet.

Fast nur in stehenden Gewässern und langsam fliefsenden Gräben, im Allgemeinen seltener, als der vorige. Sehr grofse Stücke in den Sümpfen zwischen Tempelhof und Mariendorf.

3. Art:

L. glaber Müll. Die glatte Schlammschnecke.

T. imperforata, turrita, striatula, apaca, pallide corneo-fusca; anfr. 7—8 convexi, sensim accrescentes, ultimus mediocriter ampliatus; apertura inaequilatera, depresse subovata; perist. acutum, marginibus callo tenui iunctis, intus elevate albo-labiatum.

Buccinum glabrum Müll. — *Helix octona* Penn. — *Bulimus Leucostoma* Poir. — *Limnaeus elongatus* Drap. — *Limnaea Leucostoma* Lam. — *Limnaea octona* Flem. — *Stagnicola octanfracca* Leach. —

Das Gehaüs nicht durchbohrt, thurmförmig, gestrichelt, undurchsichtig, hell hornbraun; 7—8 gewölbte, allmählig zunehmende Umgänge, der letzte mäfsig vergröfsert; die Mündung ungleichseitig, gedrückt eirund; der Mundsaum scharf, mit durch dünnen Schmelz verbundenen Rändern, inwendig (— wenig vom Aufsenrande entfernt —) eine etwas erhöhte weifse Lippenwulst. — Höhe meines hier gefundenen Stückes $4\frac{1}{2}'''$, Durchmesser $2'''$.

Das einzige von mir in hiesiger Gegend gesammelte Exemplar ist ein leeres, schon etwas von der Luft angegriffenes Gehaüs, das mit den aus dem südlichen Deütschland herrührenden recht gut übereinstimmt, von denen aus Frankreich jedoch nicht unbeträchtlich abweicht; denn es ist überhaupt von geringerem Umfange, und hat kaum 7 Umgänge. Gleichwohl scheint mir die Richtigkeit der Bestimmung unzweifelhaft. Da ich indessen dasselbe erst neüerdings unter einer gröfseren Menge der folgenden Art in meiner Sammlung entdeckte, vermag ich den Fundort nicht mit Gewifsheit anzugeben.

4. Art:

L. truncatulus Müll. Die abgestutzte Schlammschn.

T. ovato-elongatula, rimata, acutispira, striatula, opaca, pallide corneo-fusca; anfr. $5\frac{1}{2}$ convexi sutura profunda, ul-

timus ventricoso-ampliatus; apertura inaequilatera, ovalis, superne acutata; perist. acutum, margine columellari plicatim reflexo.

Buccinum truncatulum Müll. — *Helix truncatula* Gmel. — *Bulimus truncatus* Brug. — *Limnaeus minutus* Drap. — *Limnaea minuta* Lam. — *Stagnicola fossaria* Leach. — *Limnophysa minuta* Fitz. —

Das Gehaüs etwas länglich-eiförmig, mit Nabelspalt, und spitzem Gewinde, fein gestrichelt, undurchsichtig, hell hornbraun; fast sechs gewölbte Umgänge mit tiefer Naht, der letzte bauchig erweitert; die Mündung ungleichseitig, eiförmig, oben zugespitzt; der Mundsaum scharf, mit faltenartig umgeschlagenem Spindelsaülenrande, durch welchen hauptsächlich der Nabelritz gebildet wird. — Höhe bis 7''', Durchmesser bis $2\frac{1}{4}$'''. — Das Thier grauschwarz.

In ihren Umrissen eine sehr veränderliche Art; bald mehr schlank, die Naht nicht sonderlich tief, und dann der letzte Umgang mäfsig aufgetrieben; bald ist die Naht tief, der letzte Umgang sehr bauchig und der umgeschlagene Spindelrand nach oben hin gleichsam eingeknickt —, solche Stücke sehen rundlich zugestutzt aus, und auf sie pafst der Name sehr gut. Endlich ist die Oberfläche der Gehaüse selten rein, vielmehr fast immer mit einer mehr oder weniger dunklen Schlammkruste überzogen.

Hier und da in seichten Wiesengräben haüfig, wo man auch die leeren Gehaüse nach dem Austrocknen bisweilen in Menge findet; z. B. zwischen Charlottenburg und der Jungfernheide, zwischen Heinersdorf und Nieder-Schönhausen.

b) Das Gehaüs mit kurzem Gewinde.

5. Art:

L. auricularius Linn. Die Ohr-Schlammschnecke.

T. plus minusve rimata, interdum subperforata, elongato-ovata vel auriforme dilatata, striatula, diaphana, flavescenti- vel virescenti-cornea; spira acute prominens vel obtusiuscula (rarissime involuta); anfr. 3—5, primi convexiusculi, celeriter accrescentes, ultimus ampliato-ovatus vel ampullaceo-inflatus; apertura inaequilatera, plerumque rotundato-ovata; perist. acutum, reflexum vel auriculatim dilatatum, marginibus callo tenui iunctis, raro intus albo-sublabiatum.

Helix auricularia Linn. — *Buccinum Auricula* Müll. *Bulimus auricularius* Brug. — *Limnaeus auricularius* Drap. — *Gulnaria auricularia* Leach. —

β) *T. plerumque minor, spira longiore; apertura elongato-ovata; peristoma subpatulum.*

Helix limosa Linn (?) — *Bulim. limosus* Poir. *Limnaeus ovatus* Drap. Rossm. etc.

γ) *T. oblique ovata, spira acuta, brevi; apertura ovata; perist. acutum, rectum, simplex.*

Limnaeus vulgaris C. Pf. Rossm. —

Das Gehaüs mit einem mehr oder weniger grofsen Nabelspalt, bisweilen fast durchbohrt, verlängert-eiförmig, oder ohrartig-ausgebreitet, gestrichelt, durchscheinend, gelblich- oder grünlich-hornfarben; das Gewinde spitz hervorragend oder etwas abgestumpft (sehr selten eingerollt); 3—5 Umgänge, die ersten etwas gewölbt, schnell zunehmend, der letzte erweitert-eiförmig oder blasenartig aufgetrieben; die Mündung ungleichseitig, meist zugerundet-eiförmig; der Mundsaum scharf, zurückgeschlagen oder ohrartig ausgedehnt, mit durch dünnen Schmelz verbundenen Rändern, selten inwendig etwas weifs gelippt.

Nach meinen Wahrnehmungen ist die Namen-gebende, ohrmuschelartige Form, in ihrer reinsten Ausbildung nur den gröfseren Landseen und Strömen eigenthümlich; so bei uns am schönsten im Tegler-See und in den Havelseen; sie ändert jedoch in ebendenselben Wassern gleichwohl noch mannigfaltig ab, nicht selten monströse Gestalten annehmend. Das Gewinde ist zwar in der Regel kurz und spitzig, doch auch öfters hervorgestreckter und zuweilen stumpfspitzig, ja ganz eingerollt, wie bei einem Stücke von der ausgezeichnetsten Ohrmuschelform, in meiner Sammlung befindlich. Die gröfsten erreichen eine Höhe von 20''', und eine Breite von 15'''; das

Thier ist hier, wie bei den im Baue abweichenden, von grünlich-grauer Farbe, und stets gefleckt.

Die Abart β findet sich mehr in langsam fliefsenden Gräben und kleineren, stehenden Gewässern, und ist ebenfalls von veränderlicher Gestalt. In einem Graben, welcher durch den hiesigen zoologischen Garten fliefst, sieht man diese Form in allen Abweichungen bis zur entschiedensten Ohrmuschelbildung; indessen, wie sich von selbst versteht, nie die Gröfse jener Stücke aus dem Tegler-See erreichend. Das Gewinde ist gewöhnlich vorgestreckter und die Mündung allerdings meist länger, als breit, so wie der Mundsaum mehr blofs aufgeworfen (*patulum*) als ausgedehnt; auch ist hier innerhalb des Mundsaums nicht selten eine weifsliche, dünne Lippenwulst. Aber wie bei der Form α die Ohrmuschelgestalt die Regel, ist sie hier die Ausnahme.

Die Abart γ ist mir in reinstem Baue hierorts nur selten vorgekommen, wenn nämlich der scharfe, grade Mundsaum ihren Hauptcharacter abgiebt. Ein mit dieser Eigenschaft vorzüglich begabtes Stück hat jedoch wiederum nur ein kurzes, stumpfliches Gewinde, während viele andere zwar ein mehr gestreckteres, dafür aber einen nicht so völlig graden Mundsaum besitzen. Meine Sammlung enthält von dieser Form ein mäfsig grofses Stück, an welchem die Basis des Mundsaums ziemlich tief und scharf ausgeschnitten ist.

Da die von den meisten Autoren angegebenen Unterschiede der drei hier vereinigten Arten, als der Nabelspalt, das Durchbohrtsein, die Bildung des Gewindes und einige andere, den mannigfaltigsten Veränderungen unterworfen und demnach nicht stichhaltig sind (— wie mir wohl Jeder beipflichten wird, der diese Formen in ihren verschiedenen Altersstufen aus grofsen und kleinen Gewässern und vielleicht noch aus mancherlei Ländergebieten vor sich liegen hat —) wird man, wie ich hoffe, die Einziehung jener beiden Arten nicht mifsbilligen. Die Gattung ***Limnaeus*** ist ja überhaupt auch diejenige, in welcher alle Arten mehr oder weniger zahlreichen Gestaltabänderungen, vorzugsweise von der Beschaffenheit des Aufenthalts abhängig, unterworfen sind.

6. Art:

L. pereger Müll. Die wandernde Schlammschnecke.

T. rimata, elongato-ovata, subventricosa, striata, opaca, plerumque flavecenti-brunnea; spira brevis, acutiuscula; anfr. 4, primi convexiusculi, ultimus elongato-ventricosus, superne attenuatus; apertura inaequilatera, acute ovata; peristoma acutum, intus saepe tenuiter albo-callosum, marginibus callo iunctis, columellari plicatim reflexo.

Buccinum peregrum Müll. — *Helix peregra* Gmel. — *Bulimus pereger* Brug. — *Limnaea peregra* Lam. — *Gulnaria peregra* Leach. —

Das Gehaüs mit einem Nabelspalt, verlängert eiförmig, etwas bauchig, gestreift, undurchsichtig, meist gelblich-braun; das Gewinde kurz und ziemlich spitz; vier Umgänge, die ersten schwach gewölbt, der letzte verlängert-bauchig, nach oben verengt; die Mündung ungleichseitig, spitz eiförmig; der Mundsaum scharf, inwendig oft dünn weifsschwielig, mit durch Schmelz verbundenen Rändern, von denen der an der Spindelsaüle befindliche faltenartig umgeschlagen ist. — Höhe der hiesigen bis 7‴, Durchmesser 3‴. — Das Thier gelblich-grau, ungefleckt.

In ihren jüngeren Altersstufen hat diese Art grofse Aehnlichkeit mit *L. truncatulus*, von dem sie sich durch eine geringere Zahl von Umgängen und die gestrecktere Mündung unterscheidet; auch bemerkte ich an lebend gefundenen Stücken von *L. pereger* auf dem Gehaüs fast stets einen haütigen Epidermis-artigen Ueberzug.

In der Gröfse sehr veränderlich; so sind Stücke aus Bonn's Umgegend viel länger und gestreckter, dergleichen aus dem südlichen Europa fast noch zweimal gröfser, als die hiesigen.

In der Nähe Berlins ist mir kein Fundort bekannt; die Stücke meiner Sammlung fand ich in einem kleinen Sumpfe unfern der Rauenschen Berge bei Fürstenwalde.

4. Gattung:

Planorbis Müll. Scheibenschnecke.*)

Helix (e. p.) Linn. — ***Hemithalamus*** Leach. — (***Segmentina*** Flem.) —

„***Testa in discum obvoluta; spira plana, in nonnullis demersa; anfractibus omnibus utrimque conspicuis; apertura pariete aperturali lunatim excisa; peristomate simplici plerumque connexo; margine exteriore (dextro) magis producto. — Animal gracile, velo os tegente antice emarginato; tentaculis duobus contractilibus, setaceis, longis, basi dilatata intus oculiferis; pede breviusculo, aequilato, antice truncato, postice rotundato.*** Rossm."

Das Gehaüs in eine Scheibe zusammengerollt; das Gewinde flach, bei einigen eingesenkt; alle Umgänge von beiden Seiten durchsichtig; die Mündung oben mondförmig ausgeschnitten; der Mundsaum einfach und meist zusammenhangend, der aüſsere (rechte) Rand mehr vorgestreckt. — Das Thier schlank, das Maul mit einem vorn ausgerandeten Hautlappen bedeckend; zwei zusammenziehbare, borstenförmige, lange, am Grunde erweiterte und nach innen Augen tragende Fühler; sein Fuſs ziemlich kurz, gleichbreit, vorn abgestutzt, hinten zugerundet.

a) Die Umgänge zugerundet; ***Spirodiscus m.***

1. Art:

Pl. corneus Linn. Die hornige Scheibenschnecke.

T. utrinque (supra profundius) concava, arcuatim striata, opaca, nitida, olivaceo-cornea vel rufo-fusca; anfr. 6 rotundati, celeriter accrescentes, primi (praesertim supra) subcica-

---

*) Der so eigenthümliche Bau des Gehaüses und noch einige, freilich minder bemerkenswerthe, Eigenthümlichkeiten des Thieres dieser Gattung würden es, meiner Ansicht nach, rechtfertigen, daraus eine eigene Familie, die *Planorben*, zu bilden.

trisato-hispiduli; apertura oblique lunato-rotundata, intus fusca; peristom. simplex, albo-sublabiatum.

Helix cornea Linn. — *Planorbis purpura* Müll. —

β) Testa anfract. $4\frac{1}{2}$, *apertura expansa, tubaeformi.*

Das Gehaüs beiderseits (oben stärker) ausgehöhlt, bogenförmig gestreift, undurchsichtig, glänzend, grünlich-hornfarben oder rothbraun; 6 zugerundete, schnell zunehmende Umgänge, die ersten (hauptsächlich oben) fast gitterförmig-rauh; die Mündung schief mondförmig rund, inwendig braun gefärbt; der Mundsaum einfach, dünn weifslippig. — Höhe bis 8''', Breite bis 24'''. — Das Thier ist grauschwarz.

Ganz junge Gehaüse mit lebenden Thieren sind beiderseits deütlich gitterförmig-rauh, später bleiben davon bis etwa zu $\frac{1}{10}$ der vollendeten Gröfse des Gehaüses nur parallellaufende, mit kleinen Borsten besetzte Längslinien übrig, zwischen denen feine Querstreifen bemerkt werden.

Die Abart *β* habe ich einigemale am Ufer der Havelseen bei Pichelsberg gefunden; sie hat nur $4\frac{1}{2}$ Umgang und trompetenartig erweiterte Mündung.

Sehr gemein in stehenden und fliefsenden Wassern; grofs und schön in den kleinen Seen bei Tempelhof.

2. Art:

Pl. Leucostoma Mich. Weissmaul-Scheibenschn.

„*T. depressa, supra vix concava, subtus plana; anfractibus 6 tardissime accrescentibus, supra semiteretibus, subtus planiusculis, extremo vix latiore, deorsum obtuse carinato; apertura subrotunda, subangulata; peristomate leviter albolabiato.* Rossm."

Das Gehaüs niedergedrückt, oben kaum ausgehöhlt, unten flach; 6 sehr langsam zunehmende, oben fast stielrunde, unten etwas abgeflachte Umgänge, der letzte kaum stärker, abwärts stumpf gekielt (— vielmehr stumpfkantig —); die Mündung fast rund, etwas winklig; der Mundsaum leicht weifsgelippt. — Höhe $\frac{1}{2}$''', Breite 3'''.

Diese Art unterscheidet sich von der folgenden hauptsächlich durch etwas gröfsere Flachheit, kaum merkliche Zunahme des letzten Umganges, hellere weifsgrünliche Hornfarbe und durch das Vorhandensein von einem Umgange mehr im ausgewachsenen Zustande; während *Pl. Spirorbis*, namentlich überwinterte Stücke, die weifsliche Mündung mit ihr gemein haben.

Ich fand bisher nur wenige Stücke; die Herren Gebrüder Bichlié besitzen mehrere, angeblich in Gräben bei Friedrichsfelde gesammelte.

3. Art:

Pl. Spirorbis Linn. Die Spiralkreis - Scheibenschn.

T. depressa, utrinque parum concava, laevis, nitidula, cornea vel fuscescens; anfr. 5 teretiusculi, ultimus amplior; apertura oblique rotundata; perist. tenuiter albo-callosum.

Helix Spirorbis Linn. —

β) *Testa anfractibus arctioribus, planulatis, ultimo parum ampliato, aperturam versus subdilatato, rufescenti-fusca.*

Das Gehaüs niedergedrückt, beiderseits schwach ausgehöhlt, glatt, etwas glänzend, hornfarben oder braünlich; 5 rundliche Umgänge, der letzte etwas stärker werdend; die Mündung schiefrund; der Mundsaum inwendig dünn weifslippig. — Höhe fast $^{2}/_{3}$''', Breite bis $3^{1}/_{2}$'''.

Sehr oft findet man in ausgetrockneten Gräben überwinterte Gehaüse dieser Art, die das Thier mit einem gelblichweifsen Deckel geschlossen hatte; und weil sie überhaupt mehr in seichten, schlammigen Gewässern lebt, sind auch die Gehaüse selten rein, vielmehr fast immer mehr oder weniger mit einer Schlammkruste bedeckt. Dann sind ferner die neüen Anwüchse der Umgänge oft durch weifsliche Querringe bezeichnet, wodurch sie ein buntes Ansehen erhalten.

Die Abart β sah ich zu mehreren Stücken in der Sammlung der Herren Gebrüder Bichlié, welche dieselben, ihrer Aussage nach, in Gräben unweit Nieder-Schönhausen fanden. Die Umgänge sind dichter und etwas abgeflachter, der letzte sehr wenig stärker, nach der Mündung hin etwas ausgeweitet, im Allgemeinen von röthlich brauner Farbe.

Die Form *α* ist in den Gräben von Berlins Umgegend ziemlich gemein; besonders grofs und schön im Brieselang. Auch fossil an der Panke, doch selten.

b) Die Umgänge mit einem Kiel versehen; *Tropidiscus m.*

4. Art:

Pl. complanatus Linn. Die geebnete Scheibenschn.

T. utrinque concava (supra profundius); arcuatim striatula, opaca, lutescenti-fusca; anfr. 6—7 sensim accrescentes, supra convexi, subtus magis minusve plani, deorsum carina filiformi cincti; apertura oblique ovata, subtriangulata; perist. acutum, margine dextro arcuate producto, intus saepe tenuiter albo-callosum.

Helix complanata Linn. — *Planorbis umbilicatus* Müll. — *Planorbis marginatus* Drap. *et plurim. autor.* —

Das Gehaüs beiderseits (oben tiefer) ausgehöhlt, bogenförmig gestrichelt, undurchsichtig, gelblich-braun; 6—7 allmählig zunehmende Umgänge, die oben gewölbt, unten mehr oder weniger abgeflacht, auf dem Rücken nach unten hin mit einem fadenförmigen Kiel umgürtet sind; die Mündung schief eiförmig, fast dreiwinklig; der Mundsaum scharf, sein rechter Rand in einem Bogen vorgestreckt, inwendig oftmals dünn weifsschwielig. Höhe bis 2''', Breite 12''' und darüber.

Der Kiel ist schon an ganz unausgewachsenen Stücken bemerklich und wird von den späteren Umgängen überdeckt; es kommen auch nicht selten Stücke vor, wo der Kiel auf die Mitte der Umgänge rückte; und endlich solche, wo jener auf dem letzten Umgange fast verschwunden ist, so dafs derselbe kaum zugekantet erscheint. Diese letztere Form sammelte ich einigemale im Brieselang.

In stehenden und fliefsenden Gewässern sehr gemein; vorzüglich grofse Stücke in den kleinen Seen bei Tempelhof.

5. Art:

Pl. carinatus Müll. Die gekielte Scheibenschnecke.

T. utrinque vix concava, tenuiter arcuatim striatula, subdiaphana, nitidula, virescenti-cornea; anfr. 5 celeriter accrescentes, utrinque depresse convexi, in medio dorsi acute carinati, (carina rugulosa) ultimus aperturam versus leviter ampliatus; apertura oblique acutato-elliptica, superne subcanaliculata; perist. acutum, continuum, margine dextro arcuate producto.

Helix Planorbis Linn. — *Planorbis acutus* Poir. —

Das Gehaüs beiderseits kaum ausgehöhlt (oben jedoch stets etwas tiefer), fein bogenförmig gestrichelt, fast durchscheinend, schwach glänzend, grünlich-hornfarben; 5 schnell zunehmende Umgänge, die auf beiden Seiten flach gewölbt, und auf der Mitte des Rückens mit einem scharfen, etwas runzlichen Kiel umgürtet sind, der letzte nach der Mündung hin leicht erweitert; die Mündung schief zugespitzt-elliptisch, oben rinnenartig; der Mundsaum scharf, zusammenhangend, der rechte Rand bogenförmig vorgestreckt. Höhe 1''', Breite 9''' und darüber.

Nicht selten in fliefsenden und stehenden Gewässern, z. B. im Thiergarten, bei Tempelhof, in der Spree. Stücke aus dem Tegler-See sind grofs und haben eine reine Oberfläche; dergleichen aus einem Sumpf bei Tempelhof sind mit einer dunkelbraunen Schlammkruste bedeckt und sämmtlich in der Mündung, etwa eine Linie vom Aufsenrande entfernt, mit einer ziemlich breiten, blaülich weifsen Schmelzwulst versehen.

6. Art:

Pl. Vortex Linn. Die Wirbel-Scheibenschnecke.

„*T. depressissima, supra concaviuscula, subtus plana, tenuis, arcuatim striatula, subdiaphana, lutescenti-viridis; anfr. 7 sensim accrescentes, supra convexiusculi, subtus subplani, ultimus amplior, omnes deorsum acute carinati; apertura perverse subcordata; peristoma simplex, acutum, continuum, margine dextro parum producto.*

Helix Vortex Linn. — *Pl. compressus* Mich. —

Das Gehaüs sehr niedergedrückt, oben etwas ausgehöhlt, unten eben, dünnschalig, bogenförmig gestrichelt, etwas durchscheinend, gelblich-grün; 7 sehr langsam zunehmende, oben etwas gewölbte, unten fast flache Umgänge, der letzte umfangsreicher, alle abwärts scharf gekielt; die Mündung umgekehrt herzförmig; der Mundsaum einfach, scharf, zusammenhangend, der rechte Rand nur wenig vorgestreckt. Höhe bis $\frac{1}{2}'''$, Breite bis $5'''$.

Lebt haüfiger in fliefsenden als in stehenden Gewässern; sehr gemein in der Spree, im Tegler-See etc.

c) Das Gehaüs mit wenigen, zusammengeprefsten und scharf zugekanteten Umgängen, *Segmentina Flem.*

7. Art:

Pl. nitidus Müll. Die glänzende Scheibenschnecke.

T. supra convexa, subtus planiuscula et umbilicata, nitida, subpellucida, viridi-cornea (raro rufo-fulva); anfractus 4 celeriter accrescentes, ultimus amplior, omnes deorsum acutiusculi; apertura perobliqua, perverse cordata; peristoma acutum, margine dextro arcuate producto, sinistro subrecto. Anfractus ultimus intus ter aut quater plicis binis vel ternis coarctatus.

Helix nitida Gmel. — *Segmentina nitida* Turt. — *Segmentina linearis* Flem. — *Hemithalamus lacustris* Leach. —

Das Gehaüs ist oben gewölbt, unten ziemlich flach und genabelt, glänzend, fast durchsichtig, grün-hornfarben (selten braunroth); 4 schnell zunehmende Umgänge, der letzte umfangsreicher, alle abwärts ziemlich scharf zugekantet; die Mündung sehr schief, umgekehrt herzförmig; der Mundsaum scharf, sein rechter Rand bogenartig vorgestreckt, der linke fast grade. Der letzte Umgang ist inwendig drei- oder viermal durch je zwei oder drei Falten zusammengeschnürt. Höhe bis $1'''$, Breite bis $3\frac{1}{2}'''$ und darüber.

Die Anzahl der Zusammenschnürungen im letzten Umgange mufs von bestimmten Einflüssen abhängig sein, da selbst bei grofsen Stücken oft nur 2, höchstens 3 angetroffen werden, während ein mir vorliegendes, mäfsig ausgewachsenes, deren vier besitzt; ich habe mich indessen durch Oeffnung des Umgangs überzeügt, dafs nur die letzten beiden Verengerungen durch drei, alle übrigen aber blofs von zwei seitlich gegenüberstehenden, nicht sonderlich erhöhten Leistchen gebildet werden; diese letzten Zusammenschnürungen lassen, wie bekannt, für das Thier nur einen Raum in Form eines umgekehrten lateinischen χ frei, weshalb dasselbe (— nach der Beobachtung des Hrn. Geheimraths Albers —) nicht kriecht, sondern schreitet, was mir jedoch nicht gelang zu bemerken.

In stehenden, schattigen Teichen und Gräben bisweilen sehr haüfig, z. B. im Thiergarten, bei Nieder-Schönhausen etc. Die braunrothe Farbe mancher Gehaüse wird vermuthlich von Eisengehalt rühren, da derartig gefärbte bestimmten Gewässern eigen sind.

8. Art:

Pl. fontanus Montag. Die Quellen-Scheibenschn.

T. lenticularis, utrinque subaequaliter deplanato-convexiuscula, supra vix excavata, subtus umbilicata, nitidula, pellucida, lutescenti-viridis; anfr. 4 depressissimi, ultimus forte ampliatus; apertura perobliqua, perverse cordata; peristoma simplex, acutum, intus albo-sublabiatum, margine dextro arcuate producto, sinistro subrecto.

Helix fontana Montag. — *Planorbis complanatus* Drap. — *Planorbis lenticularis* Sturm. — *Helix lent.* v. Alten. — *Planorbis fontanus* Turt. —

Das Gehaüs linsenförmig, beiderseits fast gleichmäfsig flach gewölbt, oben kaum ausgehöhlt, unten genabelt, ziemlich glänzend, durchsichtig, gelblich-grün; vier sehr niedergedrückte Umgänge, der letzte viel gröfser; die Mündung sehr schief, umgekehrt herzförmig; der Mundsaum einfach, scharf, inwendig ganz fein weifslippig, der rechte Rand bogenförmig vorgestreckt, der linke fast grade. Höhe $\frac{1}{3}'''$, Breite bis $2\frac{1}{2}'''$.

Obwohl diese Art keine Spur von Zusammenschnürungen im letzten Umgange zeigt, scheint mir doch der Bau des Gehaüses und dessen Mündung genügende Andeütung zu geben, sie mit der vorigen unter dieselbe Abtheilung zu stellen.

In stehenden und fliefsenden Wassern, an Stellen, wo *Myriophyllum-* und *Callitriche-*Arten wachsen, nicht selten, aber seiner Kleinheit wegen leicht zu übersehen. Im Thiergarten, im Schlofsgarten zu Friedrichsfelde, in der Spree etc.

d) Das Gehaüs mit behaarter oder haütig-geripp-ter Oberfläche und wenigen schnell zunehmenden Umgängen; *Nautilina m.*

9. Art:

Pl. albus Müll. Die weisse Scheibenschnecke.

T. depressa, utrinque concaviuscula, clathratim striata, hispidula, opaca, viridiuscula; anfr. $3\frac{1}{2}$ *celerrime accrescentes, primi cylindracei, ultimus finem versus depressus, ampliatus; apertura oblique angulato-rotundata; perist. acutum, margine dextro rotundate producto, sinistro subsinuato.*

Helix alba Gmel. — *Planorbis hispidus* Drap. — *Pl. villosus* Poir. —

Das Gehaüs niedergedrückt, beiderseits flach ausgehöhlt, gitterförmig gestreift, fein rauh, undurchsichtig, grünlich; fast vier sehr schnell anwachsende Umgänge, die ersten stielrund, der letzte gegen das Ende hin niedergedrückt und erweitert; die Mündung schief winklig-rund; der Mundsaum scharf, der rechte Rand zugerundet vorgestreckt, der linke schwach ausgebuchtet. — Höhe beinah 1''', Breite 3''' und darüber.

Der feinhaarige Ueberzug des Gehaüses findet sich am vollständigsten bei jüngeren Individuen, etwa bis zu $\frac{2}{3}$ ihrer Ausbildung; später geht er mehr oder weniger verloren, worauf dann die gitterförmige Oberfläche deütlicher wahrnehmbar wird. Es kommen auch nicht selten wohlerhaltene lebende Stücke vor, auf deren letztem Umgange ein gleichsam aus kleinen Schuppen bestehender, zackiger Kamm zu bemerken ist. Abgestorbene Gehaüse werden an der Luft kalkig-weifs.

Sehr haüfig in den Gräben des Thiergartens; im Müggelsee sehr grofse Stücke; in der Spree etc.

10. Art:

Pl. nautileus Linn. Die Nautilus-Scheibenschnecke.

T. depressa, supra planiuscula, subtus umbilicata, pellucida, fuscescenti-cornea; anfr. 3 celerrime accrescentes, primi convexiusculi, ultimus depresse ampliatus, lateribus costatus, costis in dorso denticulatim porrectis; apertura oblique oblongo-rotunda; perist. acutum, continuum, margine dextro rotundate producto, sinistro leviter sinuato.

Turbo nautileus Linn. — *Planorbis imbricatus* Müll. Drap. — *Pl. cristatus* Drap. (?) —

Das Gehaüs flach gedrückt, oben fast eben, unten genabelt, durchsichtig, braünlich hornfarben; drei sehr schnell zunehmende Umgänge, die ersten mäfsig gewölbt, der letzte gedrückt erweitert, an den Seiten gerippt, die Rippen auf dem Rücken zahnartig vorgestreckt; die Mündung schief länglichrund; der Mundsaum scharf, zusammenhangend, der rechte Rand abgerundet vorgehend, der linke seicht ausgebuchtet. — Höhe $^1/_3$''', Breite bis 2'''.

Lebende, etwa $^2/_3$ ausgewachsene Stücke lassen die zahnartig fortgesetzten Rippen auf dem Rücken des letzten Umgangs sehr deütlich wahrnehmen; während bei grofsen Individuen oft, weder von den Zähnen noch den Rippen, nicht eine Spur übrig bleibt.

Diese Art scheint eine vorherrschende Neigung zur Skalaridenbildung zu besitzen. So berichtet Hr. Dr. H. Scholtz von dergleichen in allen Abstufungen, welche er an einer Stelle in Schlesien fand, und leitet diese Erscheinung von mechanischen Einwirkungen sehr fein zertheilter Blätter der *Vallisneria spiralis* ab. In meiner Sammlung befindet sich ein Exemplar von hier, an welchem der letzte Umgang etwa $^1/_3$ abgehoben ist.

Haüfig in allen kleineren und gröfseren Wasseransammlungen, wo *Lemna minor* und *polyrhiza* wachsen; erfordert jedoch, seiner Kleinheit wegen, beim Sammeln grofse Aufmerksamkeit.

e) Alle Umgänge des Gehaüses fast von gleicher Stärke, und so aufgerollt, dafs dasselbe überall von gleicher Höhe erscheint; ***Discoidina m.***

11. Art:

Pl. contortus Linn. Die eng zusammengerollte Sch.

T. discoidea, arctissime spirata, supra plerumque plana, subtus perspective umbilicata, subtiliter arcuatim striata, opaca, cornea-fusca; anfr. 7—8 vix accrescentes, anguste compressi; apertura oblique depresso-lunata; peristoma acutum, margine dextro parum producto.

Helix contorta Linn. — *Planorbis contortus* Müll. —

Das Gehaüs scheibenartig, sehr gedrängt zusammengerollt, oben meistentheils eben, unten mit schräg vertieftem Nabel, sehr fein bogenförmig gestreift, undurchsichtig, hornbraun; 7 bis 8 kaum zunehmende, eng zusammengeprefste Umgänge; die Mündung schief gedrückt-mondförmig; der Mundsaum scharf, sein rechter Rand wenig vorgestreckt. Höhe $^3/_4$—1''', Breite bis $2^1/_2$''' und darüber. — Das Thier blaülich schwarz.

Den goldgelben Schimmer, dessen schon v. Alten gedenkt, habe ich auch hier an frischen Stücken mit lebenden Thieren oftmals beobachtet. Nicht selten findet man $^2/_3$ ausgewachsene Gehaüse, welche auf beiden Seiten völlig gleichmäfsig genabelt erscheinen.

In stehenden und fliefsenden Gewässern; sehr haüfig in den Gräben des Thiergartens, in der Spree etc.

II. Abtheilung:

M. Pulmonata operculata Fér.

Lungenschnecken mit Deckel.

Getrennten Geschlechts. Die Zunge der Länge nach mit sieben Reihen kleiner Platten belegt (t. Troschel). Das Gehaüs thurmförmig, mit einem Deckel verschliefsbar.

1. Familie:

Cyclostomea, Kreismundschnecken.

Zwei Fühler, an deren Grunde nach aufsen die Augen; die Mündung fast kreisrund; der Deckel besteht aus einer spiralförmig aufgelegten Schichtung von Schalenmasse. Leben an feüchten Orten auf dem Lande.

1. Gattung:

Acicula Hartm. Nadelschnecke.

Auricula Drap. — *Carychium* Stud. — *Acme* Hartm. — *Pupula* Agass. —

„*Operculum tenuissimum*, *hyalinum*, *paucispirum. Testa subimperforata*, *cylindrica. Peristoma subincrassatum*, *marginibus subparallelis, callo tenui iunctis.* L. Pf." *)

Der Deckel aüfserst dünn, glasartig, wenig gewunden. Das Gehaüs kaum durchbohrt, stielrund. Der Mundsaum etwas verdickt, mit beinah parallelen, durch dünnen Schmelz verbundenen Rändern.

1. Art:

A. fusca Walk. Die braune Nadelschnecke.

T. cylindraceà, laevis (— interdum subtilissime striatula —), nitida, corneo-fusca; anfr. 6 subplani, parum accrescentes; apertura subsemicircularis; peristoma callo tenui albo-purpurascente labiatum.

Turbo fuscus Walk. — *Auricula lineata* Drap. — *Carychium Cochlea* Stud. — *Acme linearis, Pupula acicularis* (*lineata et polita*) Hartm. — *Carychium lineatum* Rossm. —

Das Gehaüs stielrund, glatt (— zuweilen sehr fein gestrichelt —) glänzend, hornbraun; sechs fast flache, wenig zu-

*) In: Uebersicht aller bekannten Arten der Cyclostomaceen, in der Zeitschrift für Malakozoologie, herausgegeben von Menke und Anderen, IV. Jahrgang 1847. p. 111.

nehmende Umgänge; die Mündung beinah halbzirkelrund; der Mundsaum durch dünnen weifsröthlichen Schmelz gelippt. — Höhe $1\frac{1}{2}'''$, Durchmesser fast $\frac{1}{2}'''$.

Das Thier ist nach Hartmann schlank, die Augen etwas entfernt hinter den langen, stielrunden Fühlern liegend. Zwischen jedem Auge und Fühler befindet sich ein halbmondförmiger, am innern Rande gezackter schwarzer Fleck. Es zeichnet sich durch farblose Durchsichtigkeit aus, und ist, wenn es sich ins Gehaüse zurückgezogen, kaum darin wahrzunehmen; nach dem Tode wird es gelblich und undurchsichtig. (I. D. W. Hartmann, Erd- und Süfswasser-Gasteropoden der Schweiz.)

Ein einziges Stück dieser Art wurde von Herrn Bichlié sen. in der Gegend zwischen dem zoologischen Garten und Wilmersdorf vor einigen Jahren gefunden; es ist wohlerhalten und zur Form *β polita* Hartm. gehörig.

Sollten nicht vielleicht beide Formen in Geschlechtsunterschieden beruhen? —

III. Abtheilung:

M. Ctenobranchiata,

Kammkiemenschnecken.

Getrennten Geschlechts. Statt der Lungen kammförmige Kiemen. Der Kopf mit einem kurzen, einziehbaren Rüssel. Der Mantel ist oft zu einem haütigen Schlauch, um Wasser einzuziehen, verlängert. Leben nur im Wasser.

1. Familie:

Paludinea, Sumpfschnecken.

Die Augen aufsen am Grunde der beiden Fühler; das Gehaüs meist kreisel- oder thurm-, seltener scheibenförmig, von dem Thiere mittelst eines horn- oder kalkartigen Deckels zu verschliefsen; leben, mit geringen Ausnahmen, fast nur im süfsen Wasser.

1. Gattung:

Valvata Müll. Federschnecke.

Nerita (e. p.) Müll. — *Helix* (e. p.) Gmel. — *Cyclostoma* (e. p.) Drap. —

Testa magis minusve turbinata vel disciformis; apertura rotundata; peristoma plerumque continuum; operculum corneum, spiratim striatum. — Tentacula animalis setiformia; pes antice bilobatus; branchiae pinnatae, appendice basi filiformi.

Das Gehaüs mehr oder weniger kreisel- oder scheibenförmig; die Mündung zugerundet; der Mundsaum meist zusammenhangend; der Deckel hornartig, spiralförmig gestreift. — Die Fühler des Thieres sind borstenförmig; der Fufs vorn zweilappig; die Kiemen gefiedert, am Grunde mit einem fadenförmigen Anhange.

1. Art:

V. contorta Müll. Die Kreisel-Federschnecke.

„*T. oblique ovato-conoidea, perforata vel anguste umbilicata; spira brevi conica, obtusiuscula; anfractibus 5, sutura profunda distinctis, ultimo rotundato; apertura patente.* Menke." *)

Nerita contorta Müll. — *Helix contortuplicata* Gmel. —

Das Gehaüs schief eirund-kegelförmig, durchbohrt oder eng genabelt; das Gewinde kurz und abgestumpft kegelartig; 5 durch eine tiefe Naht getrennte Umgänge, der letzte zugerundet; die Mündung ganz schwach aufgeworfen. — Höhe bis 4''', Durchmesser $1\frac{1}{2}$ bis 2'''.

Es ist von den hiesigen die am meisten kreiselförmig erhöhte Art; ihre Umgänge nehmen langsam zu, und betrachtet man das Gehaüs von hinten, so ragt der letzte Umgang nur wenig über die anderen hinaus.

Ich fand bisher nur leere Gehaüse im Tegler-See, welche ebenso, wie die in der Bichlié'schen Sammlung befindlichen,

*) In der Zeitschrift für Malakozoologie, herausgegeben von K. Th. Menke, Jahrgang 1845. p. 115.

aus demselben Gewässer stammenden, von gelblich-weifser Farbe sind; lebende sind gelblich-grün.

Nach Menke kommt diese Art auch im Müggelsee bei Cöpnick vor; wenn übrigens derselbe verehrl. Autor unter den Synonymen zu dieser Species, *Cyclostoma simile* Drap. heranzieht, kann ich dies weder in der Beschreibung noch in dessen Abbildung, welche den entschiedenen Ausdruck einer kleinen *Paludina* trägt, begründet finden. Denn Draparnaud sagt von seinem Cycl. s., dafs der letzte Umgang verhältnifsmäfsig sehr grofs und die Mündung eirund sei, „*spire composée de 4 à 5 tours, dont le dernier est très-grand relativement aux autres. Ouverture ovale* etc." —

2. Art:

V. piscinalis Müll. Die Fischteich-Federschnecke.

„*T. oblique orbiculato-trochoidea, aperte s. obtecte umbilicata; spira convexa; anfr. 4—5, sutura mediocri-profunda distinctis, ultimo ampliato, subventricoso; apertura hiante.* Menke."

Nerita piscinalis Müll. — *Helix piscinalis* Gmel. — *Cyclostoma obtusum* Drap. — *Valvata obtusa* C. Pf. —

Das Gehaüs in Form eines abgestumpften Kegels mit breitem Grunde, schief, mehr oder weniger offen genabelt; das Gewinde gewölbt; 4—5 durch eine mäfsig-tiefe Naht getrennte Umgänge, der letzte erweitert, gleichsam etwas bauchig; die Mündung klaffend. — Höhe bis 2''', Durchmesser bis fast 3'''.

Je nachdem es ausgewachsen, ist das Gehaüs dieser Art von veränderlichen Umrissen; in der Regel etwas durchscheinend und von weifsgrünlicher Farbe (— abgestorbene werden an der Luft weifs oder ocherartig gelb, und derartige liegen in den Anspühlungen unserer Seen und Flüsse oft in zahlloser Menge umher —). Grofse Stücke, von hinten betrachtet, zeigen ein ziemlich starkes Vorragen des letzten Umganges. An mehreren Exemplaren dieser Art ist der Mundsaum oben gleichsam eingerissen und dadurch mit einem $\frac{1}{2}$''' breiten Spalt versehen.

In der Spree, in den Havelseen, im Tegler-See etc. überall sehr gemein; grofse Stücke jedoch nicht eben haüfig.

3. Art:

V. depressa C. Pf. Die niedergedrückte Federschn.

„*T. orbiculato-convexiuscula, subdiscoidea, late umbilicata; spira depressa; anfractibus tribus, sutura mediocri distinctis; ultimo rotundato, iuxta suturam mediocrem depresso.* Menke."

V. pulchella Stud. — *V. Spirorbis* Hartm. — *V. sincera* Say. (t. Menke!). —

Das Gehaüs fast kreisrund, schwach gewölbt, fast scheibenartig, weit genabelt; das Gewinde abgeflacht; drei durch eine nicht sonderlich tiefe Naht getrennte Umgänge; der letzte zugerundet und neben der Naht etwas niedergedrückt. — Höhe bis $1\frac{1}{2}'''$, Breite bis $2\frac{1}{2}'''$.

Mehr flach gedrückter, als die vorige Art; der letzte Umgang zwar nach der Mündung hin weiter werdend, aber doch nie so stark, als bei *V. piscinalis*; auch ist die Mündung vollkommner kreisrund. Die Färbung der aus sumpfigen Gräben herrührenden Stücke ist gelbbraünlich, an den Wuchsringen mit weifslichen Querbinden; Stücke aus der Spree, worin sie sehr selten vorkommt, sind rein gelblichgrün; alle Umgänge erscheinen, mit der Loupe betrachtet, regelmäfsig und fein concentrisch gestreift. Grofse Exemplare von hinten gesehen, lassen ein noch stärkeres Vortreten des letzten Umganges wahrnehmen, als bei *V. piscinalis.*

Unter dem Namen *V. sinaitica* befinden sich im hiesigen conchyliologischen Museum, von Hemprich und Ehrenberg am Fufse des Sinai's in Palästina gesammelte Stücke, welche von *V. depressa*, wie sie hier vorkommt, kaum zu unterscheiden sein dürften; obwohl die Färbung derselben etwas heller ausfällt, als bei den, unserer Gegend entnommenen Exemplaren von *V. depressa.*

In einem Graben des Brieselangs haüfig; von den Herren Gebrüdern Bichlié schön und grofs auch hinter Rixdorf, an einer ähnlichen Oertlichkeit gefunden.

4. Art:

V. cristata Müll. Die kammförmige Federschnecke.

T. discoidea, supra subplana, subtus concava, striatula, nitidula, viridi-vel fuscescenti-cornea; anfr. 3 mediocriter accrescentes, subcylindracei, ultimus finem versus subelevato-ampliatus; apertura subcircularis.

Valvata Planorbis Drap. —

Das Gehaüs ist scheibenförmig, oben fast eben, unten ausgehöhlt, fein gestrichelt, ziemlich glänzend, grün- oder braünlich-hornfarben; drei mäfsig zunehmende, fast stielrunde Umgänge; der letzte gegen das Ende hin etwas erhöht-ausgedehnt; die Mündung fast kreisrund. — Höhe $\frac{1}{2}'''$, Breite $2'''$.

Für diese Art wäre, der Flachheit ihres Gehaüses wegen, der von Draparnaud erwählte Name „*Planorbis*" sehr bezeichnend, wenn ihm nicht der ältere, von Müller gegebene, vorgezogen werden müfste. In der Regel sind die Gehaüse dieser Schnecke mehr oder weniger dicht mit einer dunklen Schlammkruste bedeckt, so dafs oft nur der letzte Wuchsring durchsichtig und rein hell hornfarben geblieben ist. Auch findet man nicht selten, wie schon Müller erwähnt, dieselben in unserer Gegend von einer Phryganeen-Larve zur aüfseren Bekleidung ihrer Hülse verwandt. Der Deckel kann von dem Thiere sehr weit in das Gehaüs zurückgezogen werden, was offenbar ein Beweis seiner Dünnheit und Biegsamkeit ist.

Ob *V. minuta* Drap., die mit dieser die gröfste Aehnlichkeit haben soll, und auch von Menke wieder anerkannt wurde, eine gute Art, und nicht vielmehr jüngere Individuen der *V. cristata* vorstellt, wage ich zwar nicht mit Gewifsheit zu behaupten; kann aber, nach dem, was ich hierorts davon gesehen, meinen geringen Glauben daran nicht verhehlen. Auch sagt Albin-Gras, wie er von M. Terver die Versicherung erhalten habe, dafs die Arten *V. Spirorbis* und *minuta* Drap. nicht existirten, vielmehr mit *V. Planorbis* Drap. eins seien. —

Sehr haüfig in der Spree, im Tegler-See, in den Havelseen, in einem Graben des Brieselangs etc.

2. Gattung:

Paludina Lam. Sumpfdeckelschnecke.

Ex parte: Turbo Linn. — *Nerita* Müll. — *Helix* Gmel. *Bulimus* Poir. — *Cyclostoma* Drap. —

Testa operculata, perforata, ovata vel conoidea; anfr. convexi vel subcylindracei, sutura magis minusve profunda; apertura rotundo-ovata, superne angulata; peristoma continuum; operculum corneum, concentrice striatum. — Maris penis tentaculo dextro incrassato inclusus; femina vivipara embryones per tempus aliquantulum in testa secum ducit.

Das Gehaüs ist mit einem Deckel versehen, fast durchbohrt, ei- oder kegelförmig; die Umgänge gewölbt oder beinah stielrund, mit einer mehr oder weniger tiefen Naht; die Mündung rund-eiförmig, oben einen Winkel bildend; der Mundsaum zusammenhangend; der Deckel hornartig, kreisförmig gestreift. — Die Ruthe des Männchens befindet sich im rechten, verdickten Fühler eingeschlossen; das Weibchen gebiert lebendige Junge, welche es einige Zeit hindurch mit sich im Gehaüse herumträgt.

1. Art:

P. vivipara Linn. Die lebendiggebärende S.

T. perforata, globoso-conoidea, ventricosa, striata, magis minusve pellucida, virescens vel corneo-fusca, fasciis tribus rufo-fuscis longitudinalibus (raro nullis); spira speciminibus iuvenilioribus mucronata; anfr. 7 convexi, celeriter accrescentes, sutura profunda, ultimus ampliato-tumidus; apertura rotundato-ovata, superne leviter sinuata; perist. acutum, margine columellari reflexiusculo.

Helix vivipara Linn. — *Nerita vivipara* Müll. — *Cyclostoma viviparum* Drap. —

Das Gehaüs durchbohrt, rundlich-kegelförmig, bauchig, gestreift, mehr oder weniger durchsichtig, grünlich oder hornbraun, mit drei rothbraunen (selten keinen) Längsbinden; das

Gewinde ist an jüngeren Stücken stachelspitzig; 7 gewölbte Umgänge mit tiefer Naht, der letzte erweitert-aufgetrieben; die Mündung von zugerundeter Eiform, oben leicht stumpfwinklig; der Mundsaum scharf, der Spindelsaülenrand etwas zurückgeschlagen. Höhe 26''' und darüber, Breite 20'''. — Das Thier braünlich, oben dicht mit gelben Punkten besäet.

An jungen bis zu $^1/_3$ ausgewachsenen Gehaüsen, selbst schon an den Embryonen, welche sich noch innerhalb des mütterlichen Gehaüses befinden, bemerkt man am oberen Saume der braünlichen Längsbinden einen regelmäfsigen Kranz ziemlich langer Wimperhaare, und aufserdem die ganze Oberfläche mit reihenförmig gestellten kurzen Borsten, die später sämmtlich verloren gehen, bedeckt. Auf einem $^2/_3$ ausgewachsenen Stücke meiner Sammlung, namentlich auf dessen letzten Umgange, kann man mehr als 50 solcher regelmäfsigen Borstenreihen zählen.

In der Naht des Gehaüses findet man oftmals die eine Schalenhälfte einer *Cypris*-Art (?) angeheftet, selten mit der dazu gehörigen Deckschale. Auch besitze ich ein Stück, welches mit Ausnahme des Deckels, ganz gleichförmig von ***Spongilla lacustris Esp.***, wie mit einem Pelze, bekleidet ist, und worin das Thier noch lebte.

Sehr haüfig und schön im Tegler-See, in den Havelseen, im Stienitzsee bei Tasdorf, in der Spree; seltener in stagnirenden, kleinen Gewässern.

2. Art:

P. fasciata Müll. Die Band-Sumpfdeckelschnecke.

T. obtecte perforata, ovato-conoidea, striatula, nitidula, diaphana, pallide lutescens vel obscure virescens, fasciis longitudinalibus rufo-fuscis tribus; spira obtusiuscula; anfr. 4—5 parum convexi, celeriter accrescentes, sutura mediocri, ultimus tumescenti-ampliatus; apertura rotundato-ovata, superne subacute sinuata; perist. acutum, margine columellari reflexo.

Nerita fasciata Müll. — ***Helix f.*** Gmel. — ***Paludina** achatina* Brug. Rossm. etc. —

Das Gehaüs bedeckt-durchbohrt, rundlich-kegelförmig, gestrichelt, ziemlich glänzend, hellgelblich oder schmutzig dunkelgrün, mit drei rothbraunen Längsbinden; das Gewinde etwas stumpflich; 3—5 wenig gewölbte, schnell zunehmende Umgänge mit mäfsig tiefer Naht, der letzte etwas geschwollen-erweitert; die Mündung zugerundet eiförmig, oben fast spitzwinklig; der Mundsaum scharf, der Spindelsaülenrand zurückgeschlagen. — Höhe 16''' und darüber, Durchmesser 10—12'''.

Die Gehaüse der Embryonen dieser Art sind völlig unbehaart, und ihr letzter Umgang ist fast kielförmig zugekantet; ich fand davon in weiblichen Individuen nie mehr, als 5—6 Stück, während dergleichen von *V. vivipara* öfters über zwei Dutzend enthielten.

Sie kommt in hiesiger Gegend nicht eben haüfig vor, und scheint überhaupt mehr die gröfseren Landseen zu lieben; ich besitze Stücke aus dem Tegler-See, aus den Havelseen und dem Stienitzsee bei Tasdorf.

Wenn ich hier den von Müller dieser Art ertheilten Namen wieder zur Geltung zu bringen suche, bedarf dies allerdings einer Rechtfertigung. Bei sorgfältiger Zergliederung der Müller'schen Beschreibung finde ich, dafs alle darin angegebenen Eigenschaften, mit Ausnahme einer, auf unsere hiesigen und aus anderen Gegenden Deütschlands herrührenden Stücke sehr wohl passen. Nur eben der Ausdruck „*Mucro verticis acutus*" ist geeigneter auf die aus dem südlichen Eüropa (Italien) stammende *var. pyramidalis Jan.* anzuwenden. Da nun Müller, wie derselbe ausdrücklich erklärt, seine Beschreibung nach Exemplaren aus Sachsen uud Italien entwarf, findet auch jene Phrase darin zugleich ihre Erledigung, und kann demnach, von diesem Standpunkte betrachtet, weiter keinen Anstofs erregen. Inwiefern aber auch noch die beiden von Müller aufgestellten Arten *P. elegans* und *ligata* hierher zu zählen sind, darüber will ich an diesem Orte kein Urtheil fällen.

3. Gattung:

Bythinia Gray. Bythinie. *)

Paludina autor. plurim.

Testa operculata, rimata vel perforata, magis minusve ovato-turrita; sutura profunda vel aequa, itaque anfractus convexi vel subplani; apertura rotundato-ovata; peristoma plerumque continuum; operculum magis minusve calcareo-incrassatum, concentrice striatum. — Maris penis intra cavitatem basi tentaculi dextri sitam; femina ovipara.

Das Gehaüs ist mit einem Deckel verschliefsbar, nabelritzig oder durchbohrt, mehr oder weniger eirund-thurmförmig; die Naht tief oder flach, und demgemäfs die Umgänge gewölbt oder ziemlich flach; die Mündung zugerundet-eiförmig; der Mundsaum meist zusammenhangend; der Deckel mehr oder weniger kalkartig verdickt, kreisförmig gestreift. — Die Ruthe des Männchens befindet sich in einer am Grunde des rechten Fühlers gelegenen Grube; das Weibchen legt Eier.

1. Art:

B. tentaculata Linn. Die tastende Bythinie.

T. ovato-ventricosa, subturrita, angustissime rimata, nitida, pellucida, pallide cornea; anfr. 5—6 sensim accrescentes, convexiusculi, sutura mediocri, ultimus ventricoso-ampliatus; apertura ovalis, superne acute sinuata; peristoma intus tenuiter albido-labiatum, margine columellari reflexo; operculum conchaceum.

Helix tentaculata Linn. — *Nerita Jaculator* Müll. — *Bulimus tentaculatus* Poir. — *Cyclostoma impurum* Drap. — *Cyclostoma Jaculator* Fér. — *Paludina impura* Lam. —

β) ***T. minor, albido-hyalina; anfr.*** $4^1/_2$. (***Albina***?) ***alt.*** $5^1/_2{}'''$.
γ) ***T. fasciis duabus longitudinalibus subdiaphanis.***

---

*) Der Name dieser Gattung wird doch zweifelsohne aus dem Griechischen von *Βυθάω*, *βύθιος*, *ταβύθια* etc. abgeleitet sein, und dann ist die Schreibart „*Bithinia*" jedenfalls unrichtig.

Das Gehaüs eiförmig-bauchig, thurmartig, mit sehr engem Nabelspalt, glänzend, durchsichtig, hell hornfarben; 5—6 allmählig zunehmende, durch eine mäfsig tiefe Naht getrennte Umgänge, der letzte bauchig erweitert; die Mündung eirund, oben spitzwinklig; der Mundsaum inwendig ganz dünn weifslippig, der Spindelsaülenrand zurückgeschlagen; der Deckel dickschalig. — Höhe bis 9‴, Durchmesser $4\frac{1}{2}$‴ — Das Thier blaülich-schwarz, mit gelblichen Punkten besät.

Die kleinere, weifslich durchscheinende Form β ist vielleicht ein Blendling; sie findet sich im Tegler-See, wiewohl nicht eben haüfig. — Die Form γ mit zwei regelmäfsigen, etwa eine halbe Linie von einander getrennten, schmalen Längsbinden, sah ich in der Sammlung der Hrn. Gebrüder Bichlié, und stammt dieselbe aus hiesiger Gegend. Im Allgemeinen ist diese Art in ihren Umrissen ziemlich veränderlich; es kommen Stücke vor, wo das Gewinde ziemlich gestreckt und der letzte Umgang wenig bauchig erscheint, während doch in der Regel das Gewinde nur kurz, dagegen der letzte Umgang im Verhältnifs zu den übrigen ansehnlich umfangsreicher ist. Durch die ziemlich flache Naht, und die oben zugespitzte eirunde Mündung, kann man sie jedoch leicht und sicher von der folgenden unterscheiden. Dafs die Oberfläche der Gehaüse nicht selten mit einer Sclammkruste bedeckt ist, die nach dem Absterben des Thieres an der Luft ocherartig wird, will ich nicht unerwähnt lassen.

Sehr gemein in der Spree, im Tegler-See, in den Havelseen etc.

2. Art:

B. similis Drap. Die ähnliche Bythinie.

T. rimata, ovato-turrita, nitidula, pellucida, pallide cornea; anfr. 4—5 sensim accrescentes, convexi, sutura profunda, ultimus ampliato-tumidus; apertura oblongo-rotunda, superne leviter sinuatu; perist. intus tenuissime albido-labiatum, margine columellari reflexiusculo; operculum subconchaceum.

Cyclostoma simile Drap. — ***Paludina similis*** Mich. — ***Paludina Troschelii*** Paasch. — ***Paludina Kicksii*** Nyst. —

Das Gehaüs ist mit einem Nabelspalt versehen, eirundthurmförmig, ziemlich glänzend, durchsichtig, hell hornfarben; vier bis fünf allmählig zunehmende, gewölbte Umgänge mit tiefer Naht, der letzte gewölbt-aufgetrieben; die Mündung länglichrund, oben leicht stumpfwinklig; der Mundsaum inwendig sehr dünn weifslippig, nahe der Spindelsaüle etwas zurückgeschlagen; der Deckel ziemlich dickschalig. — Höhe bis 8''', Durchmesser $3^1/_2$'''. — Das Thier von grünlich-grauer Farbe.

Die tiefe Naht, die starke Wölbung namentlich des letzten Umganges, die sehr zugerundete Mündung und die stets um einen geringere Anzahl der Umgänge unterscheiden diese Art am bestimmtesten von der vorigen. — Es kommen Stücke mit beinah zirkelrunder Mündung vor; und obgleich der Mundsaum fast immer zusammenhangend ist, besitze ich doch ein grofses Stück, an welchem sich derselbe ziemlich weit unterbrochen zeigt; auch fand ich ein Exemplar, wo der Spindelsaülenrand breit dreieckig, die Spitze aufwärts gerichtet, aber anliegend, umgeschlagen ist.

In der Spree, in den Gräben des Thiergartens, des Brieselangs, im Tegler-See, in den Havelseen etc. überall nicht selten.

Diese Art scheint sehr verbreitet zu sein; durch die Güte der Herren Repellin und Albin-Gras erhielt ich dieselbe aus Languedoc und der Umgegend von Rom (— unter dem Namen ***Paludina similis*** Mich. —); durch Herrn Geheimrath Albers (— unter dem Namen ***Palud. Kicksii*** Nyst —) aus der Gegend von Antwerpen. Die südfranzösischen Stücke sind junge, noch nicht völlig ausgewachsene; das römische hat nur $^2/_3$ des Umfanges unserer gröfsten, und ist überhaupt von denselben Umrissen, wie die Antwerpner Exemplare. Das von Herrn Dr. Paasch in Wiegmann-Erichson's Archiv f. N. Jahrg. 1842 beschriebene und abgebildete, ***Paludina Troschelii*** benannte Stück, ist ebenfalls nur von $^2/_3$ der Gröfse hiesiger, vollkommen ausgewachsener Individuen.

3. Art:

B. acuta Drap. Die spitze Bythinie.

T. subperforata, acute ovata, subturrita, nitidula, substriatula, pallide virescens; anfr. 5—6 sensim accrescentes, convexi, sutura mediocri-profunda, ultimus parum ampliatus; apertura oblongo-rotunda, superne vix sinuata; perist. acutum, margine columellari vix reflexiusculo; operculum tenue, laeve, (t. Albin-Gras!).

Cyclostoma acutum Drap. — *Paludina acuta* Mich. —

Das Gehaüs fast durchbohrt, spitz eirund, fast thurmförmig, ziemlich glänzend, fein gestrichelt, hellgrünlich; 5—6 allmählig zunehmende, gewölbte Umgänge, mit ziemlich tiefer Naht, der letzte wenig erweitert, die Mündung länglich-rund, oben kaum buchtig; der Mundsaum scharf, der Spindelsaülenrand sehr unbedeütend zurückgeschlagen; der Deckel dünn und glatt (nach Albin-Gras!). — Höhe $1\frac{1}{2}'''$, Durchmesser $\frac{3}{4}'''$.

Von *P. viridis autor.* unterscheidet sich diese Art vorzüglich durch das spitze Gewinde und einige Umgänge mehr; auch sind bei ihr die letzteren gleichförmig gröſser werdend, während bei *P. viridis* der letzte Umgang etwas hochgestreckt erscheint. *P. marginata* Mich. ist mehr cylindrisch und der Mundsaum etwas aufgeworfen.

Bis jetzt nur vier deckellose Stücke, eins im Müggelsee, zwei im Tegler-See und eins an einer Phryganeen-Hülse hinter Spandow am Ufer der Havel gefunden, und zwar von mir; sie kommt vielleicht nicht so gar selten vor, wird aber ihrer Kleinheit wegen leicht übersehen.

Ob diese Art wirklich zu *Bythinia* gerechnet werden muſs, will ich vorläufig noch nicht bestimmt behaupten, und mir vielmehr die Bestätigung bis zum Auffinden lebender Stücke vorbehalten. In Frankreich, nach Albin-Gras im Brakwasser (ob auch salzigem?) unfern der Meeresküste, ist dieselbe nicht selten; Stücke aus der Umgegend von Montpellier, durch Charpentier dem Herrn Geheimrath Albers mitgetheilt, stimmen mit den unsrigen ganz überein, nicht minder dergleichen aus der Gegend von Venedig.

IV. Abtheilung:

M. Rhipidoglossata,

Fächerzungenschnecken.

Getrennten Geschlechts; Kiemen federförmig; Augen am Grunde der Fühler; Zunge mit hornigen Platten, fächerartig belegt (t. Troschel); Gehaüs kahnförmig, dickschalig, wenig gewunden, mittelst eines Deckels verschliefsbar.

1. Familie:

Neritacea, Neriten, Kahnschnecken.

Gehaüs ungenabelt; das Gewinde kaum hervortretend; der Deckel ziemlich dick, mit einem Ecknagel. Die Augen des Thieres auf einer kleinen Erhöhung, am Grunde der Fühler.

1. Gattung:

Neritina Lam. Schiffchenschnecke, (Schwimmschnecke C. Pf.).

Nerita Linn. Müll. —

„*Testa operculata, imperforata, paucispira, celeriter evoluta, tenuis* (?), *hemisphaerica, oblique dilatata; apertura hemisphaerica, columella planulata, marginem internum formante, integra, vel raro denticulata; operculo oblique lunato, conchaceo, spirato, in inferiore latere dente clausorio praedito.* Rossm."

Das Gehaüs ist mit einem Deckel versehen, nicht durchbohrt, wenig gewunden, schnell entwickelt, dünnschalig (?), halbkuglig, schief erweitert; die Mündung halbkuglig; die Spindelsaüle abgeflacht, einen innern ganzen, oder (selten) gezähnelten Rand bildend; der Deckel schief mondförmig, schalenartig, spiralförmig, an der Unterseite mit einem Schliefszahn versehen.

1. Art:

N. fluviatilis Linn. Die Fluss-Schiffchenschnecke.

T. oblongo-subhemisphaerica, subtiliter striata, opaca, obscure purpurascens alboguttata, vel alba purpurascenti-reti-

culata; spira parum exserta; anfr. subtres, ultimus naviformis, elongatus; apertura intus et columella margaritacea; perist. acutum; operculum incrassatum, supra striis spiratis, margine externo miniato.

Nerita fl. Linn. — *Neritina fl.* Lam. — *Neritina fontinalis* Brard. — *Theodoxus lutetianus* Montf. —

Das Gehaüs länglich-halbkuglig, fein gestreift, undurchsichtig, dunkel purpurfarben mit weifsen Sprenkeln, oder weifs und purpurfarben-netzförmig; das Gewinde wenig vorgestreckt; fast drei Umgänge, der letzte verlängert-kahnförmig; die Mündung nach innen und die Spindelsaüle perlmutterfarben; der Mundsaum scharf; der Deckel verdickt, oben spiralstreifig, an der Aufsenseite mennigroth gerandet. — Höhe 4''', Breite bis 7'''. — Das Thier ist weifslich, Kopf und nächste Umgegend schwärzlich.

Ebenso wie bei *Paludina vivipara*, findet man in der Naht des Gehaüses nicht selten die Schalen einer kleinen Cypris (?) angeheftet, die vielleicht auch dieselbe Art sein mag. Oft ist die Mündung ziemlich tief mit einem orangegelben Schmelz bedeckt. Leere, am Ufer längere Zeit herumliegende Stücke, werden weifser und die dunkle Purpurfarbe geht allmählig ins Blafsrothe über.

Im Tegler-See, in den Havelseen, in den Gewässern bei Rüdersdorf, überall haüfig an Steinen und Holzstücken.

V. Abtheilung:

M. Monopleurobranchiata,

Einseitskiemenschnecken.

Zwitter; zwischen der breiten Fufssohle und dem Mantelrande liegen auf einer Seite die Kiemen (t. Troschel). Die Schale fehlt entweder ganz, und ist dann, wie bei *Limax*, durch eine kleine innere Platte vertreten (t. Troschel), oder sie ist vorhanden und dann von napfartiger Form.

1. Familie:

Ancylea, Ancyleen, Schüsselschnecken.

Die Kiemen links befindlich; die Schale, welche in eine Spitze auslaüft, bedeckt das Thier nur von oben; finden sich blofs in süfsen Wassern.

1. Gattung:

Ancylus Geoffr. Napfschnecke.

Patella (e. p.) Linn. — *Bullinus* Oken. —

Testa pateniformis, tenuis (saepissime cuticula epidermoidea vestita), in dorso acutata. — Animal tentaculis duobus, subuliformibus, brevibus, basi oculiferis; labio supero bilobato.

Das Gehaüs napfartig, dünnschalig (sehr oft mit einer epidermisartigen Oberhaut bekleidet), auf dem Rücken zugespitzt. — Das Thier mit zwei pfriemförmigen, kurzen, am Grunde die Augen tragenden Fühlern; die Oberlippe zweilappig.

1. Art:

A. fluviatilis List. (Müll.) Die Fluss-Napfschnecke.

T. mitraeformis, oblique conoidea, tenuis, cornea, apice obtusiusculo subhamate resupinato; apertura subrotunda, interdum fere circularis.

Patella fluviatilis da Costa. — *Ancylus riparius* Desm. —

Das Gehaüs mützenförmig, schief kegelartig, dünnschalig, hornfarben, mit stumpflicher etwas hakenartig zurückgebogener Spitze; die Mündung ziemlich rund, bisweilen beinah zirkelrund. Höhe bis 2''', Breite 4''', Länge $4\frac{1}{2}$'''.

Bisher bei Berlin wohl nur in der Panke gefunden, woselbst er an kleinen Kieselsteinen, seltener an pflanzlichen Gegenständen, wohnt, und daran ziemlich fest haftet.

2. Art:

A. lacustris Linn. Die See-Napfschnecke.

T. oblongo-rotunda, mediocriter convexa, tenuis, pallide cornea, apice brevi resupinato et oblique declinato; apertura elongato rotunda, subelliptica.

Patella lacustris Linn. — *P. oblonga* Donov. — *P. cornea* Poir. —

Das Gehaüs länglich rund, mäfsig gewölbt, dünnschalig, hellhornfarben, mit kurzer, zurückgebogener und schief abgelenkter Spitze; die Mündung verlängert rund, fast elliptisch. Höhe $1\frac{1}{2}'''$, Breite $2\frac{1}{4}'''$, Länge $5'''$.

Findet sich an Wassergewächsen in Flüssen und Seen, viel haüfiger als die vorige Art; nicht selten sind Phryganeen-Hülsen aüfserlich damit dicht bedeckt.

Die dünne Oberhaut, womit beider Gehaüse meist bedeckt sind, reifst nach dem Trocknen oft strahlenförmig ein. Das Weibchen soll den Laich eine Zeit hindurch, auf der Oberfläche seines Gehaüses befestigt, mit sich herumtragen.

II. Gruppe:

M. Acephala,

Kopflose Schnecken, Muscheln.

(*Conchifera* Lam. — *Lamellibranches* Blainv. —)

Das Thier ohne Kopf, Augen und Fühler; Fortbewegung geschieht durch einen zungenförmigen, dickfleischigen Fufs. Das Gehaüs ist zweiklappig.

Die Kiemen liegen in Form von blattartigen, gefäfsreichen Organen, je zwei auf jeder Seite des Körpers; das Maul des Thieres befindet sich unterhalb der Wirbelgegend, zwischen den Mantellappen.

Man hat diese Gruppe nach dem Vorhandensein von einem oder mehreren Muskeln, durch welche das Thier die Oeffnung und Schliefsung der Schalen bewirkt, eingetheilt; von den einmuskligen (*Monomya*) besitzen wir hierorts keine Repräsentanten, vielmehr gehören alle hiesigen Muscheln zu den zwei- (drei?) muskligen (*Dimya*).

I. Abtheilung:

M. Dimya, zweimusklige Muscheln.

Getrennten Geschlechts. Die beiden Schalen sind durch ein elastisches, hornartiges Band (*ligamentum*) an der Oberseite der Muschel, verbunden.

1. Familie:

Naiadea, Najadeen, Teich- oder Flufsmuscheln.

Die Muscheln gleichschalig, die Schalen ungleichseitig; inwendig, am Vorderrande, drei nebeneinander liegende Muskeleindrücke; die Kiemen hinter dem Fufse zusammenhangend, dieser selbst lang und kielförmig; kein Bart (*Byssus*).

1. Gattung:

Anodonta Lam. Ohnzahnmuschel.

Mytilus (e. p.) Linn. — *Anodontites* Brug. — *Anodon* Oken. —

„*Concha aequivalvis, transversa, cuneato-ovata, inaequilatera, postice prolongata, attenuata, tenuis; verticibus subretusis; cardine lineari edentulo; ligamento longitudinali, valido, externo; sinu ligamentali rotundato. — Animal crassum; pallio toto aperto, postice aperturis duabus spuriis.* Rossm."

Die Muschel gleichklappig, verqueer, keilartig-eirund, ungleichseitig, hinten gestreckt, verengert, dünnschalig; die Wirbel ziemlich abgestumpft; die linienförmige Drehangel zahnlos; das Längsschlofsband kräftig, aufsen liegend; der durch dasselbe gebildete Winkel gerundet. — Das Thier dick, sein Mantel ganz offen, hinten scheinbar mit zwei Oeffnungen.

1. Art:

A. cygnea Linn. Die Schwanen-Muschel.

Concha late oblongo-ovata, ventricosa, marginem inferiorem versus sulcata, circa vertices striata, extus viridi-fusca, intus margaritacea; vertices deplanati, concentrice et gyrate striati, subsulcati.

Mytilus cygneus Linn. — *Anodonta c. autor. plurim.* —

β) *Concha elongato-ovata, ventricosa, postice subrostrata.*

Mytilus cellensis Schröt. — *Anodonta c. aut. plurim.* —

γ) *Concha ovali-subrhombea, plerumque splendenti-viridis, radiis pallidis, postice margine supero aurito, subalato.*

Anodonta intermedia Lam. (?) — *A. piscinalis* Nilss. —

δ) *Concha ovato-subelliptica, ventricosa, plerumque lutescenti-fusca.*

Mytilus anatinus Linn. — *Anodonta a. autor. plurim.* —

ε) *Concha ovato-subelliptica, ventricosa, crassa, plerumque obscure virescenti-fusca.*

Anodonta ponderosa C. Pf. —

Die Muschel breit länglich-eirund, bauchig, nach dem Unterrande hin gefurcht, in der Wirbelgegend gestreift, aufsen grünbraun, innen perlmutterfarben; die Wirbel abgeflacht, gewunden und kreisförmig gestreift, fast gefurcht. — Länge 10½″, Dicke bis 4″, Breite 5″. Das Thier gelblich, mehr oder weniger ins Graue spielend.

Nach Vergleichung einer ziemlichen Anzahl von Anodonten, aus verschiedenen Flüssen und Seen, und aus mehreren Gegenden Deütschlands, gelang es mir nicht, zwischen den oben characterisirten Abarten, dauernd-stichhaltige Unterscheidungszeichen aufzufinden; ich nahm vielmehr wahr, dafs selbst die unter *β*—*ε* angegebenen, von den meisten Schriftstellern als Arten aufgestellte, Varietäten kaum einigermafsen fest abzugränzen sind. — Die stärkste Veranlassung jedoch, alle diese bisher als bestimmte Arten betrachteten Formen, in eine zusammenzufassen, lag für mich in der fast vollkommenen Gleichheit ihrer Jungen; an diesen, welche ich in vielen Gewässern sammelte, bemerkte ich nie einen erheblichen Unterschied.

Da ferner diese Muscheln getrennten Geschlechts sind, so scheint mir darin ein nicht unerheblicher Grund ihrer Formverschiedenheit zu liegen, der noch sorgfältiger, als bisher geschehen, zu beachten sein dürfte. Einen viel gröfseren Einflufs auf den Wuchs der Muschel, hat aber jeden Falls der

Wohnort; schnell oder langsam fliefsende, gröfsere oder kleinere Ströme, kleinere oder gröfsere Seen, Teiche, Mühlenwehre u. dergl. liefern dieselbe Art stets in durch Form und Structur mehr oder weniger von einander abweichenden Stükken. Dieselben Verhältnisse müssen aber auch bei der Gröfse in Anschlag gebracht werden; in stillen, mit Sumpfpflanzen bewachsenen Mühlenwehren namentlich, erreichen einzelne Individuen einen bedeütenden Umfang und gewifs auch ein, dem entsprechendes Alter; welches, vorausgesetzt, dafs die Schalen alljährlich um einen Ring sich vergröfsern, zuweilen wohl über 50 Jahre betragen mag. (C. Pfeiffer schätzte jedoch die Lebensdauer unserer gröfsten Anodonten nur auf 8—12 Jahre.)

Die oben angegebenen Maafse hat ein in meiner Sammlung befindliches Stück, welches von einem Fischer unweit Cöpnick in einem Mühlenwehr gefunden wurde, wo nach dessen Versicherung noch um die Hälfte gröfsere vorkommen. — Form β erreicht dieselbe Länge und Dicke, gewöhnlich aber nicht ganz die Breite. — Form γ ist fast stets um die Hälfte kürzer, ⅓ weniger breit, und beinah ⅔ weniger dick; desgleichen Form δ, die in der Regel mehr eiförmig aussieht. — Form ε ist mehr oder weniger länglichrund, stärker oder schwächer bauchig, aber dickschalig (— wiewohl ich von den übrigen Formen nicht minder dickschalige Stücke besitze —); sie soll sich hauptsächlich die Mündungen der Flüsse zum Aufenthalte wählen; ich sah bisher nur zwei, angeblich in hiesiger Gegend gefundene Stücke.

Von hier besitze ich Anodonten aus der Panke, Spree, Havel, den Seen im Grünwald, den Havelseen, dem Plötzensee in der Jungfernheide, den Seen bei Rüdersdorf und dem Müggelsee bei Cöpnick.

2. Gattung:

Unio Retz., Flufsmuschel.

Musculus Klein. — *Mya* (e. p.) Linn. — *Mysca* Turt. —

„*Concha transversa, aequivalvis, iniquilatera, postice attenuata, producta, crassa; umbonibus turgidis; cardine den-*

tato; dente uno cardinali et lamella longitudinali sub ligamento in dextra valva; dentibus duobus cardinalibus cum fossula interposita, et canali longitudinali lamellam illam excipiente in sinistra valva; ligamento externo; sinu ligamentali angusto, elongato. — Animal Anodontae. Rossm."

Die Muschel ist verquer, gleichklappig, ungleichseitig, hinten verengert, ausgestreckt, dick; die Wirbel aufgetrieben; die Drehangel gezähnt; ein Zahn und eine Längsleiste unter dem Schliefsbande an der rechten Schale, und zwei Zähne mit dazwischen befindlicher Grube und eine Längsfurche, jene Leiste aufzunehmen, an der linken Schale; das Schliefsband nach Aufsen gerichtet, die darunter nach hinten zu liegende an beiden Schalrändern befindliche Ausbuchtung ist schmal und gestreckt. — Das Thier von dem der Gattung *Anodonta* nicht wesentlich verschieden.

1. Art:

U. tumidus Retz. Die aufgetriebene Flussmuschel.

„*Concha ovato-oblonga, cuneata, tumida, posterius rostrata, crassa, fusca; margine inferiore curvato; dentibus cardinalibus crassis, compressis, validis, sinistrorsum posteriore valido.* Rossm."

Mysca solida Turt. —

Die Muschel ist länglich eirund, keilförmig, geschwollen, hinten schnabelartig, dickschalig, braun; der Unterrand eingebogen; die Angel-Zähne dick, zusammengedrückt, kräftig, der hintere auf der linken Schale stark.

Aufser den angegebenen Kennzeichen findet man noch den Rand des rechten Zahns stets mehr oder weniger stark gekerbt; die Farbe ist bisweilen schön grün mit gelblichen Strahlen; die Wirbel sind oft abgeschülfert, und das Schliefsband ist kräftiger, als bei der folgenden Art, und ragt namentlich hinten wulstiger hervor. Bei ganz jungen Individuen, welche sich übrigens auf den ersten Blick von denen der folgenden Art unterscheiden lassen, sind die Wirbel höckrig und furchig.

In der Panke, Spree, Havel, im Tegler-See, in den Havelseen, überall haüfig; doch am gröfsten in dem See bei

Damm's Mühle, zwei Meilen von Berlin, an der Prenzlauer Chaussee; diese letzteren sind zum Theil 6½" lang, über 2½" breit und 2" dick.

2. Art:

U. pictorum Linn. Die Maler-Flussmuschel.

„*Concha ovali-oblonga, ventricosa, posterius in rostrum truncato-obtusatum producta, viridi-lutescens (fusco-cingulata), posterius virescens; margine superiore rectiusculo, inferiore subretuso; dentibus cardinalibus compressissimis, acuatis, crenatis, sinistrorsum posteriore minore vel evanescente.* Rossm."

Mya pictorum Linn. — *Mysca p.* Turt. —

Die Muschel ist lang-eirund, bauchig, hinten in einen abgestutzt-stumpfen Schnabel fortgesetzt, grüngelblich (braungegürtelt), nach dem Hinterende mehr grünlich; der obere Rand fast grade, der untere etwas eingedrückt; die Angel-Zähne sind sehr zusammengedrückt, scharf, gekerbt, an der linken Schale ist der hinterste kleiner oder ganz ausgeblieben. — Länge 5—7", Breite 2", Dicke bis 1½".

Von der vorigen unterscheidet sich diese Art noch durch die mehr gestreckte, zungenförmige, und viel weniger bauchige Gestalt; das Schliefsband ist nie so wulstig hervorragend, sondern überhaupt schwächer und schmaler. Bei jungen Individuen, die ebenfalls schon die eigenthümlichen, characteristischen Umrisse besitzen, und an denen namentlich der Oberrand fast horizontal verläuft, sind die Wirbel nicht minder höckrig und furchig als bei denen von *U. tumidus*. Die Färbung ist nach Gröfse und Aufenthalt veränderlich, vom schönsten Grün bis zum dunklen Braun Uebergänge bildend.

Sie findet sich in denselben Gewässern, wo die vorige Art lebt; nur ist in manchen diese, in anderen jene haüfiger.

Von *Unio batavus* Lam., welcher nach Einigen in der Mark vorkommen soll, habe ich bisher keine in hiesiger Umgegend gefundene Stücke gesehen. Derselbe ähnelt den Umrissen nach einer kleinen *Anodonta cygnea*, *var.* δ, ist mehr nach der Mitte hin bauchig und ⅓ so breit, als lang; sein oberer Rand ist in einem fast gleichmäfsigen Bogen zugerundet, und die beiden Angel-Zähne sind nicht breit und flach, sondern fast konisch und stumpf zugespitzt.

2. Familie:

Mytilacea, Miesmuscheln.

Die Muschel gleichschalig; das Schlofs mit kaum merklichen Zähnchen oder zahnlos; die Schliefsmuskeleindrücke klein. — Der Fufs des Thieres schmal und gefurcht, am Hintergrunde mit einem Barte (*Byssus*) zum Anheften an fremde Körper, versehen.

1. Gattung:

Tichogonia Rossm. Flufsmiesmuschel.

Mytilus autor. veterior.

„*Concha scaphaeformis; valvis carinatis; ligamento interno, utrinque fossula excepto; sub valvae dextrae umbone dente cardinali rudi, in altera excavatione respondente; in angulo umbonali utriusque valvae pariete libero transversali musculum clausorium gerente; valvis margine inferiore ad exserendam* *) *byssum hiantibus.* Rossm."

Die Muschel ist nachenförmig, mit gekielten Klappen; das Schliefsband liegt nach innen und wird beiderseits von einer kleinen Grube aufgenommen; unter dem Wirbel der rechten Schale (Klappe) befindet sich ein unförmlicher Angel-Zahn, welchem eine Aushöhlung der anderen entspricht; im Wirbel-Winkel beider Schalen sieht man eine kleine, den Schliefsmuskel tragende Querwand; beide Schalen lassen am Unterrande einen Spalt zur Hervorstreckung des Bartes offen.

---

*) *Byssus* von *βύσσος* ist im Lateinischen u. Griechischen *gen. femin.*

1. Art:

T. Chemnitzii Fér. Chemnitz's Flussmiesmuschel.

Concha subelongato-scaphaeformis, antice arcuate striata, postice sulcata, extus (iuvenilior) albido-flavescens, transverse et undulate fusco-fasciata, (maturior) obscure nigro-fusca, intus coerulescenti-margaritacea; byssus criniformis, initio flavescens, tandem rufo-fusca.

Mytilus polymorphus Pall. — *M. Wolgae* Chemn. — *M. Chemnitzii* Fér. —

Die Muschel ist etwas gestreckt-nachenförmig, vorn bogenartig gestreift, hinten furchig; aufsen (die jüngere) weifslich-gelb, verquer und wellenartig braun-gebändert, (die ältere) dunkel schwarzbraun, inwendig blaülich perlmutterfarben; der Bart ist haarförmig, anfänglich gelblich, zuletzt rothbraun. — Länge über 2'', Breite 11''', Höhe 10'''.

Diese Muschel, welche vor weniger, als 50 Jahren, hier noch so selten war, dafs einzelne von Berlin nach Wien gesandte Stücke mit etwa 5 Silbergroschen bezahlt wurden, und die wahrscheinlich durch Schiffe oder Flofshölzer (aus der Wolga?) zu uns kam, hat sich jetzt so vermehrt, dafs man sie scheffelweise sammeln könnte. Ihre leeren Gehaüse liegen hier und da zu Tausenden am Ufer des Tegler-Sees, gewöhnlich in Klumpen zusammengehäkelt, die eine *Anodonta* oder einen *Unio* umschliefsen; durch diese Gewohnheit, sich an andere Gegenstände zu hängen, werden sie allerdings, wie schon Troschel nachwies, den Anodonten verderblich, indem die Wogen solcher Art bedeckte Muscheln aus dem Grundschlamm herausreifsen und nach und nach auf das Ufer werfen, wo dann aber auch mit einer Muschel 30—40 Tichogonien zu Grunde gehen.

Der Bart wird ähnlich, wie Spinngewebe, abgesondert; anfänglich weich und farblos, wird er später braun und hart; die Anheftepunkte bilden eine kleine Platte, die sehr fest hält. Schon die kleinsten Individuen heften sich derartig irgendwo fest; alle aber, einmal befestigt, können sich nicht beliebig wieder loslösen; gleichwohl jedoch, wenn dies durch aüfsere Gewalt geschah, wiederum von Neüem anspinnen.

Von der Gattung *Mytilus* unterscheidet sich übrigens *Tichogonia* nur durch die kleine Winkel-Querwand; aufserdem lebt jene im salzigen, diese im süfsen Wasser.

3. Familie:

Cardiacea, Herzmuscheln.

Die Muschel rundlich und kurz, gleichschalig, mehr oder weniger gleichseitig, mit Schliefsmuskeleindrücken; unter dem Schliefsbande ist der Rand der beiden Schalen mit mehreren Angel-Zähnen besetzt, für die beiderseits entsprechende Vertiefungen oder Auslenkungen vorhanden sind. — Der schmale, aber kräftige Fufs des Thieres besitzt kein Bart-Organ.

1. Gattung:

Cyclas Brug. Flufs-Herzmuschel.

Tellina (e. p.) Linn. — *Cornea* Mühlf. —

Concha oblongo-rotunda, subcordata, ventricosa, aequivalvis, subaequilatera, magis minusve tenuis; ligamentum breve, internum; in margine ligamentali valvae utriusque dentes cardinales plicaeformes subquatuor, et denticuli minuti acuati duo in una valva, altera unus sub umbonibus. — Animal tubulis pallii duobus basi adnatis; femina vivipara.

Die Muschel länglich-rund, fast herzförmig, bauchig, gleichklappig, fast gleichseitig, mehr oder weniger dünnschalig; das Schliefsband kurz und inwendig liegend; auf dem Schliefsrande jeder Klappe befinden sich fast vier faltenförmige Angelzähne, und unterhalb der Wirbel auf dem einen Schalenrande zwei kleine scharfe Zähnchen, auf dem der anderen einer. — Das Thier hat zwei, nur am Grunde verwachsene Mantelröhren; das Weibchen gebiert lebendige Junge.

Von den vier faltenförmigen Angelzähnen auf dem Rande jeder Schale sind allemal die der Innenseite am stärksten ausgebildet, die der Aufsenseite dagegen gewöhnlich nur durch die Loupe wahrnehmbar.

1. Art:

C. Rivicola Lam. Die Ufer-Fluss-Herzmuschel.

Concha oblongo-rotunda, ventricosa, arcuatim striata, nitida, corneo-fusca, saepe margine infero luteo-limbato; umbones rotundate obtusi.

Die Muschel ist länglich rund, bauchig, bogenförmig gestreift, glänzend, hornbraun, der untere Rand oft mit einem gelben Saume; die Wirbel abgerundet-stumpf. — Länge bis 14''', Breite 10''', Dicke 7'''.

Die jüngeren Individuen dieser Art sind fast immer von grünlicher, die älteren von brauner Farbe; ganz junge Embryonen haben eine beinah scheibenförmig-abgeflachte Muschel; der gelbe Saum am Unterrande fehlt sehr vielen, vollkommen ausgewachsenen Stücken. In einer weiblichen Muschel fand ich einmal etwas über ein Dutzend Junge, die ihrer Gröfse nach zwischen $\frac{1}{2}$ und 2''' schwankten.

Am Ufer der Havelseen bei Pichelsberg nicht selten; die dort vorkommenden sind in Gröfse und Färbung von denen aus der Elbe und Oder nicht zu unterscheiden.

2. Art:

C. cornea Linn. Die hornige Fluss-Herzmuschel.

Concha globoso-ventricosa, subcordata, arcuatim striatula, nitidula, virescenti-fusca, saepe margine infero luteo-limbato; umbones obtusi, magis minusve protuberantes.

Tellina cornea Linn. — *Tellina rivalis* Müll. — *Cyclas rivalis* Drap. —

β) *Concha minus ventricosa, subrhomboidea, plerumque cinereo-fusca.*

Tellina lacustris Müll. — *Cyclas lacustris* Drap. —

Die Muschel ist kugelförmig-bauchig, fast herzförmig, bogenartig gestrichelt, ziemlich glänzend, grünlich braun, oft mit einem gelben Saume am Unterrande; die Wirbel sind abgestumpft, mehr oder weniger stark vorstehend. — Länge bis 9½''', Breite 8''', Dicke bis 6½'''.

In ihren Umrissen und in der Färbung ist diese Art sehr veränderlich; ich habe sie aus hiesiger Umgegend von fast entschiedener Kugelform (— vielleicht *Cyclas Nucleus* Stud.? —) bis zu dem abgeflachten und rhombenartigen Baue vor mir; diese letzteren bilden allmählige, unmerkliche Uebergänge zu den rundbauchigen, und sind diejenigen, in welchen ich oftmals Junge fand, die sich von denen (— aufserhalb der Mutter-Muschel —) in verschiedenen Gräben und Bächen gesammelten, wo ausgewachsene stark bauchige haüfig vorkommen, durch nichts unterscheiden lassen. Dagegen bemerkte ich noch niemals in bauchigen, mit aufgetriebenen Wirbeln versehenen Muscheln, Junge; und bin aus diesem Grunde geneigt, diese für die männlichen, und jene flacheren, rhombischen, für die weiblichen Individuen dieser Art zu halten.

Haüfig in den Gräben des Thiergartens, bei Tempelhof und im Grünwald; grofs und schön in den Havelseen bei Pichelsberg, wo man auch die kugelrunde Form findet.

3. Art:

C. calyculata Drap. Die kapselförmige Fluss-Herzm.

Concha subcompresse rotundo-ventricosa, subrhomboidea, tenuis, arcuatim striatula, nitidula, diaphana, pallide cornea; umbones protuberantes, obtuse acutati.

Tellina tuberculata v. Alten. — *Cyclas stagnicola* Leach. —

Die Muschel ist ziemlich zusammengedrückt rundbauchig, etwas rhombisch, dünnschalig, bogenförmig gestrichelt, ziemlich glänzend, durchscheinend, hell hornfarben; die Wirbel ragen hervor und sind stumpf zugespitzt. — Länge bis 7''', Breite 6''', Dicke 4½'''.

In ihren Umrissen, und selbst in der gewöhnlich mehr horngrauen Färbung, gleicht diese Art einigermafsen der Form β voriger Species; aber die ziemlich spitzig hervorragenden Wirbel und die dünneren und zerbrechlicheren Schalen unterscheiden sie sehr bestimmt. Bei ganz jungen Individuen sind die Wirbel zwar schon bemerklich, aber noch nicht zugespitzt. Diese Jungen, welche nach Verhältnifs noch zerbrechlicher, als die Ausgewachsenen, sind, habe ich in sehr verschiedenen Gröfsen-Abstufungen vor mir, und mufs nach Allem, was ich, hierorts wenigstens, von *Pisidium obtusale* Lam. gesehen, meine Meinung dahin aüfsern, dafs diese letztere Art eben nur Jungen von *C. calyculata* ihre Aufstellung zu verdanken habe. —

In stagnirenden kleinen Sümpfen und Gräben zuweilen sehr haüfig; z. B. im Brieselang, bei Weifsensee; einzeln am Ufer der Havelseen bei Pichelsberg.

2. Gattung:

Pisidium C. Pfeiffer. Erbsmuschel.

E. p. *Tellina* Müll. *Cyclas autor. veterior.*

Concha ovali-subtrigona, evidenter inaequilatera, tenuis; ligamentum breve; dentes cardinales et denticuli sub umbonibus formae eiusdem gener. Cycladis. — Animal tubulis pallii brevibus, longitudinaliter adnatis; femina vivipara.

Die Muschel ist eirund-dreieckig, deütlich ungleichseitig, dünnschalig; das Schliefsband kurz; die Angelzähne und die Zähnchen unter den Wirbeln sind von derselben Gestalt, wie bei der Gattung *Cyclas.* — Das Thier hat kurze, der ganzen Länge nach verwachsene Mantelröhren; das Weibchen gebiert lebendige Junge.

1. Art:

P. amnicum Müll. Die Bach-Erbsmuschel.

Concha rotundate subtrigona, subcordata, parum ventricosa, arcuatim sulcata, opaca, cornea, saepe luteo- vel (raro) rosaceo-limbata; umbones parum protuberantes, obtusi.

Tellina amnica Müll. — *Cyclas obliqua* Lam. — *Cyclas palustris* Drap. — *Cyclas amnica* Turt. — *Pisidium obliquum* C. Pf. —

Die Muschel ist zugerundet-dreieckig, fast herzförmig, wenig bauchig, bogenförmig gefurcht, undurchsichtig, hornfarben, oft mit einem gelben oder (selten) rosenrothen Saume, die Wirbel ragen nicht stark vor, und sind abgestumpft. Länge bis 6''', Breite $5\frac{1}{2}$''', Dicke $3\frac{2}{3}$'''.

Am Ufer der Havelseen bei Pichelsberg und in der Panke nicht selten; an denen aus dem letzteren Bache sieht man oft nicht nur einen rothen Saum, sondern selbst auch die Wirbel rothgefärbt, was wohl nur in dem Eisengehalt der Panke seinen Grund hat.

2. Art:

P. fontinale Drap. Die Quellen-Erbsmuschel.

Concha ovato-ventricosa, subtrigona, subcordata, arcuatim striatula, nitidula, magis minusve diaphana, tenuis, pallide cornea; umbones forte protuberantes, obtusiusculi.

Cyclas fontinalis Drap. — *C. pusilla* Turt. — *Pisidium fontinale* C. Pf. —

Die Muschel ist eirund-bauchig, fast dreieckig, herzförmig, bogenartig gestrichelt, schwach glänzend, mehr oder weniger durchsichtig, dünnschalig, hellhornfarben; die Wirbel ragen stark hervor und sind etwas abgestumpft-spitz. — Länge bis 2''', Breite $1\frac{3}{4}$''', Dicke $1\frac{1}{2}$'''.

In Gräben zwischen Charlottenburg und der Jungfernheide, am Ufer des grofsen Wannsees hinter dem Grünwald, und in der Panke.

Die Stücke aus der Panke, worin diese Art sehr zahlreich, sind sämmtlich von einem röthlichbraunen Ueberzug bedeckt, und ihre Wirbel so stark nach vorn gerückt, dafs der Vorderrand fast gradlinig abschneidet; diese Eigenthümlichkeit ist an denen, aus den übrigen genannten Wassern, nicht so scharf ausgeprägt. Mehrere Pank-Exemplare enthalten Embryonen, die übrigens ziemlich flache kleine Muscheln vorstellen.

Stücke aus der Umgegend von Bonn (aus dem Rhein?) sind etwas weniger bauchig, als die hiesigen, aber von einer dichten schmutziggrauen Schlammkruste bedeckt.

Pisidium obtusale C. Pf. u. a. Schriftst., kann ich, wie schon bei *Cyclas calyculata* erwähnt, vorlaüfig nicht für eine bestimmte Art ansehen.

Nachträge und Berichtigungen.

Vorwort, Seite VI., Zeile 15 v. o. statt Herren lies Herrn.

Seite 9, Z. 12 v. u. statt Ausbeute lies Ausbeüte.

- 12, Z. 13 v. o. statt deutlich lies deütlich.
- 13, Z. 2 v. o. statt ode lies oder.
- 13, Z. 11 v. o. statt deutsche lies deütsche.
- 14, Z. 4 v. o. statt äufsere lies aüfsere.
- 14, Z. 7 v. o. statt unbedeutende lies unbedeütende.
- 21, Z. 7 v. o. statt Buche lies Bauche.
- 24. *Limax cinereus* List. fand ich neüerdings in zwei Formen im sogenannten Brieselang; die eine war oben glänzend schwarz, die andere grau mit den erwähnten dunkleren Längsbinden: beiden gemeinschaftlich war der Halsschild im Leben sehr regelmäfsig wellenförmig (*gyrate*!) gerippt, und ein grünlichgelbes Mittelfeld der Fufssohle.

Seite 31. *Helix* Linn., im Deütschen Schnirkelschnecke, welcher Name durchgängig allen Arten der Gattung beizufügen ist, was bei der Correctur leider übersehen wurde.

Seite 36. *Helix fruticum* Müll. Das Thier ist bald rein gelbgrünlich und ungefleckt, bald grünlich-grau mit vielen Flecken, oder schwärzlich-grau mit einem helleren Streifen auf der Mitte des Rückens. Ich habe neüerdings auch ein Stück dieser Art im Schlofspark zu Friedrichsfelde gefunden.

Seite 36. *Helix strigella* Drap. Ich fand kürzlich ein lebendes ausgewachsenes Stück dieser Art in den Rüdersdorfer Kalkbergen, welches noch dicht behaart war. Uebrigens ist das Thier zuweilen dicht und öfters gar nicht gefleckt.

Seite 38, Z. 17 v. o. statt *Theba* lies *Teba*.

- 39, Z. 10 v. u. statt vokommen lies vorkommen.
- 43, Z. 17 v. o. statt Stüchen lies Stücken.
- 58, Z. 5 v. u. statt *columellaris* Cantr. lies *subcolumellaris* Cantr.

Seite 64, Z. 1 v. o. statt *reflexiuscul* lies *reflexiusculo*.

- 66, Z. 11 v. o. statt *albo-carneo* lies *albo-carnea*.

Seite 68, Z. 6 v. o. statt *apaca* lies *opaca*.

- 69. *Limnaeus auricularius* Linn. Während des Druckes dieses Werkchens fand ich am Rande des Müggelsees bei Cöpnick eine Reihe von Monstrositäten dieser Art, welche die Identität der Formen β und γ mit α noch mehr herausstellen. Aus einem *L. ovatus* oder *vulgaris* bricht nämlich, ohne die Umrisse der Grundform fortzusetzen, plötzlich der ohrartig erweiterte *L. auricularius* hervor. — Ferner habe ich mich auch nach authentischen Stücken in der Sammlung des Herrn Geheimraths Albers überzeügt, dafs *L. ampullaceus* Rossm. ebenfalls nur eine Form von *L. auricularius* ist —, eine Abweichung, welche sich auch im Tegler-See in characteristischen, schönen Exemplaren vorfindet.

Seite 74, Z. 3 v. o. statt *purpura* lies *Purpura*.

- 85. *Valvata contorta* Müll. Neüerdings fand auch ich diese Art in beträchtlicher Menge am Müggelsee bei Cöpnick; doch sind daselbst grofse, ausgewachsene Exemplare nur selten. — Ferner sammelte ich schöne Stücke am Ufer des Stienitzsees bei Rüdersdorf.

Seite 89. *Paludina vivipara* Linn. Kürzlich fand ich am Müggelsee ein grofses, weibliches Individium dieser Art, welches nur eine Längsbinde auf dem Gehaüse hat, die aber nach Verhältnifs viel breiter, als je eine der gewöhnlichen drei ist.

Seite 92, Z. 2 v. u. statt ταβύθια lies τα βύθια.

- 95. *Bythinia acuta* Drap. Ausgewachsene Stücke dieser Art, welche ich vor Kurzem am Tegler-See fand, sind 2‴ hoch, wonach das Mafs im Texte zu berichtigen wäre.

Seite 103, Z. 10 v. o. st. eine Längsfurche l. einer Längsfurche.

Register der Arten.

I. Tafel.

1) *Vitrina pellucida* Müll.
2) *Succinea putris* Linn.
3) *Succinea Pfeifferi* Rossm.
4) *Succinea oblonga* Drap.
5) *Helix pomatia* Linn.
6) *Helix arbustorum* Linn.
7) *Helix nemoralis* Linn.
8) *Helix hortensis* Müll.
9) *Helix fruticum* Müll.
10) *Helix strigella* Drap.
11) *Helix incarnata* Müll,
b) die 250mal vergröſserte Oberfläche des Gehaüses.
12) *Helix ericetorum* Müll.
13) *Helix rotundata* Müll.
14) *Helix pulchella* Müll.
15) *Helix costata* Müll.
16) *Helix aculeata* Müll.,
a) ein der Stacheln beraubtes, etwa 6mal vergröſsertes Stück.
17) *Helix sericea* Drap.
18) *Helix hispida* Linn.
19) *Helix bidens* Chemn.
20) *Helix cellaria* Müll.
21) *Helix nitidula* Drap.
22) *Helix nitida* Müll.
23) *Helix fulva* Drap.
24) *Helix pygmaea* Drap.
25) *Helix crystullina* Müll.
26) *Bulimus obscurus* Müll.
27) *Achatina lubrica* Müll.
28) *Pupa minutissima* Hartm. etwa viermal vergröſsert.
29) *Pupa muscorum* Linn., etwa doppelt vergröſsert.

Tab. I

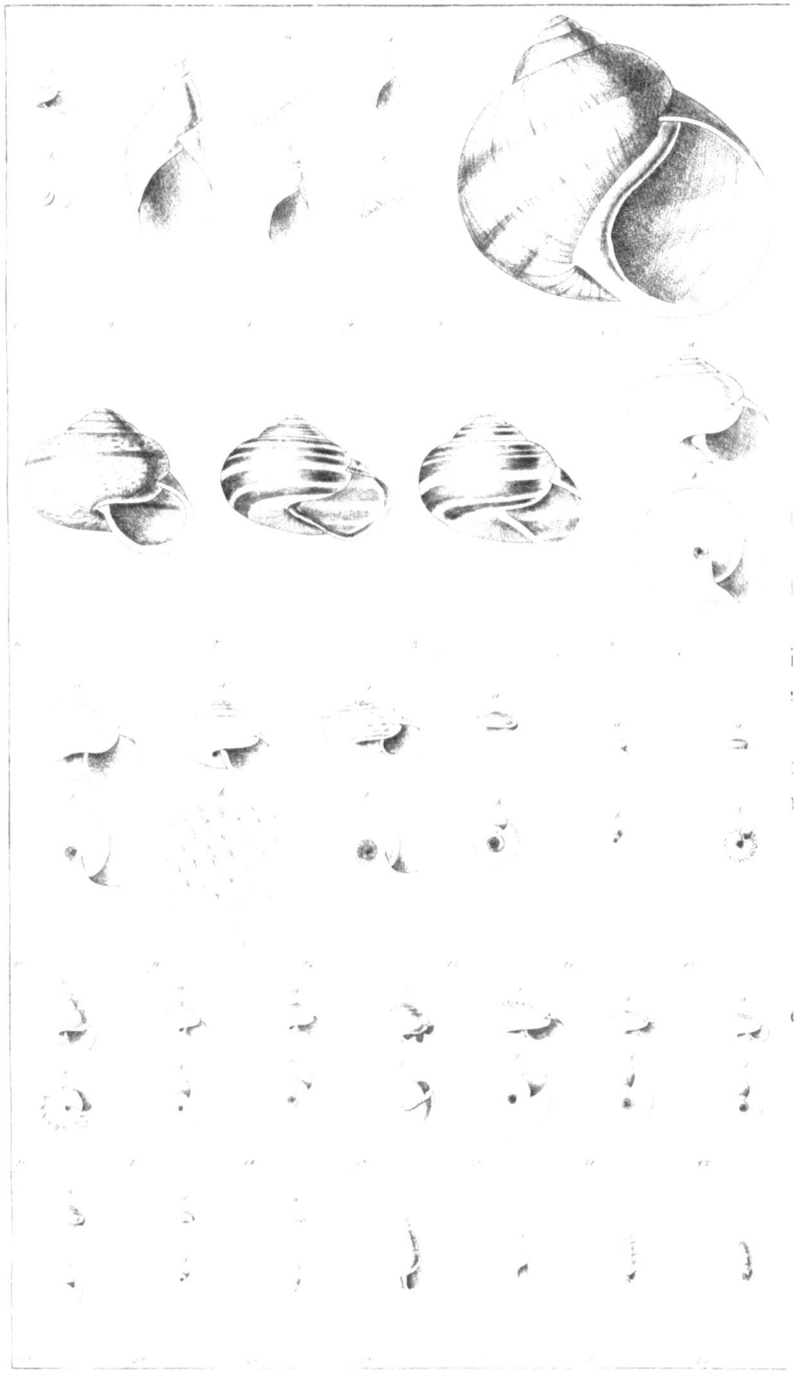

II. Tafel.

---

1) *Pupa edentula* Drap., etwa doppelt vergröſsert.
2) *Pupa Antivertigo* Drap.
3) *Clausilia laminata* Montag.
4) *Clausilia nigricans* Pulten.
5) *Auricula minima* Müll., ungefähr 20 mal vergröſsert.
6) *Physa fontinalis* Linn.
7) *Physa Hypnorum* Linn.
8) *Amphipeplea glutinosa* Müll.
9) *Limnaeus glaber* Müll.
10) *Limnaeus truncatulus* Müll.
11) *Limnaeus pereger* Müll.
12) *Limnaeus auricularius* Linn.
13) *Limnaeus stagnalis* Linn.
14) *Limnaeus fragilis* Linn.
15) *Planorbis corneus* Linn.
16) *Planorbis Leucostoma* Mich.
17) *Planorbis Spirorbis* Linn.
18) *Planorbis complanatus* Linn.
19) *Planorbis carinatus* Müll.
20) *Planorbis Vortex* Linn.
21) *Planorbis nitidus* Müll.; *c*) die durch drei Leistchen gebildete Zusammenschnürung.
22) *Planorbis fontanus* Mont.
23) *Planorbis albus* Müll., die selten vorkommende, mit haütigen Zacken versehene Form.
24) *Planorbis nautileus* Linn.
25) *Planorbus contortus* Linn.
26) *Acicula fusca* Walk.
27) *Valvata contorta* Müll.; *b*) von hinten gesehen.
28) *Valvata piscinalis* Müll.; *b*) von hinten gesehen; *c*) der spiralförmig gestreifte Deckel.
29) *Valvata depressa* C. Pf.; *c*) von hinten gesehen.
30) *Valvata cristata* Müll.

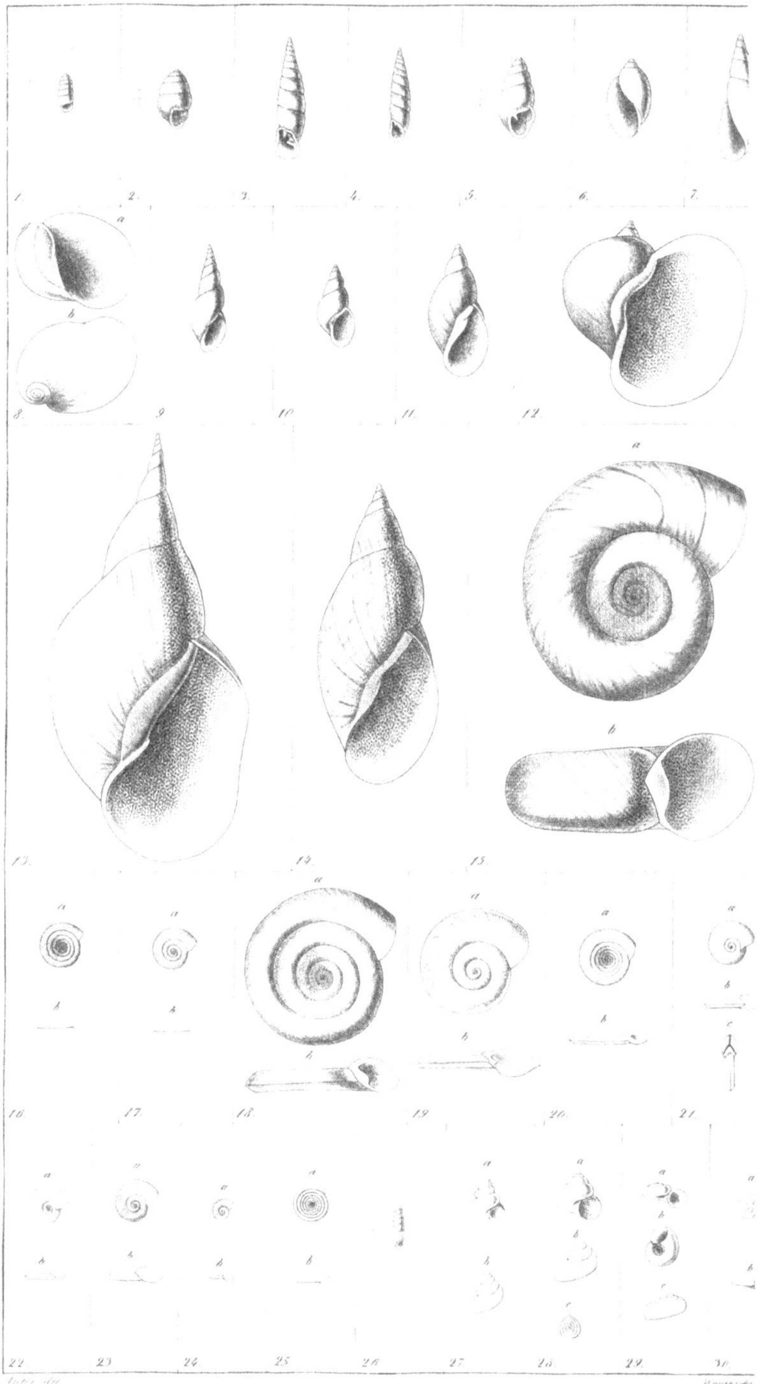
1.
2.
3.
4.
5.
6.
7.
8.
9.
10.
11.
12.
13.
14.
15.
16.
17.
18.
19.
20.
21.
22.
23.
24.
25.
26.
27.
28.
29.
30.

III. Tafel.

1) *Paludina vivipara* Linn.
2) *Paludina fasciata* Müll.
3) *Bythinia tentaculata* Linn.; *b*) die kleinere, weifsgehaüsige Form.
4) *Bythinia similis* Drap.; *a*) aus hiesiger Gegend; *b*) aus der Umgegend von Rom; *c*) von Antwerpen.
5) *Bythinia acuta* Drap.
6) *Neritina fluviatilis* Linn.; *c*) der Deckel.
7) *Ancylus fluviatilis* List.; *b*) Umrifs der Mündung.
8) *Ancylus lacustris* Linn.
9) *Tichogonia Chemnitzii* Fér.; *a*) ein altes Individuum; *b*) ein jüngeres mit den zackigen Binden; *c*) die eine Schalenhälfte von innen mit der eigenthümlichen kleinen Querplatte.
10) *Cyclas Rivicola* Lam.; *a*) von der Seite; *b*) von oben.
11) *Cyclas cornea* Linn.; *a*) von der Seite; *b*) von oben.
12) *Cyclas calyculata* Drap.; *a*) von der Seite; *b*) von oben.
13) *Pisidium amnicum* Müll.; *a*) von der Seite; *b*) von oben.
14) *Pisidium fontinale* Drap.; *a*) von der Seite; *b*) von oben.

Tab. I

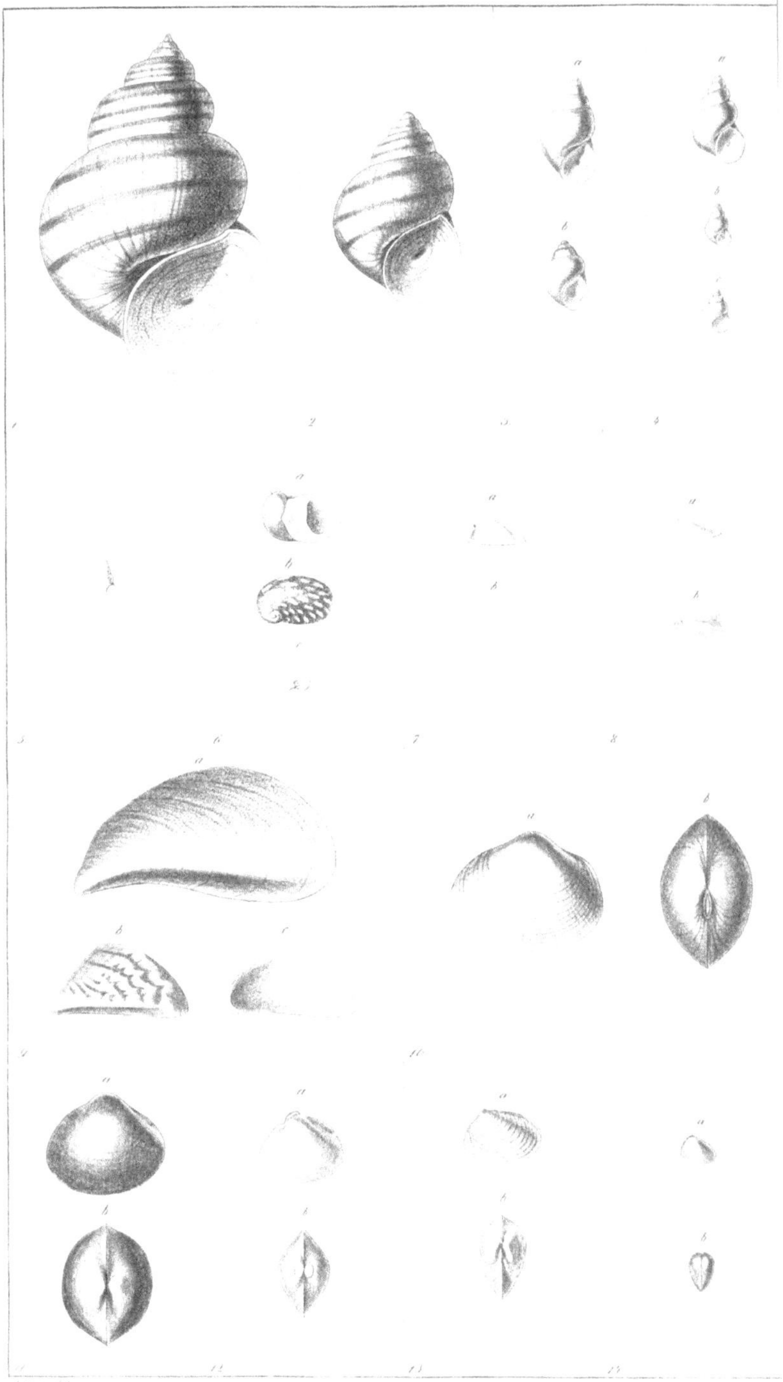

FSC
www.fsc.org
MIX
Papier | Fördert gute Waldnutzung
FSC® C083411

Kolibri 360 GmbH
Ferdinand-Jühlke-Straße 7
99095 Erfurt, Deutschland
produktsicherheit@kolibri360.de